MAR DE CULTURA: ESTUDOS

Ministério da Cultura, Prefeitura da Cidade do Rio de Janeiro, Secretaria Municipal de Cultura e Andrea Jakobsson Estúdio apresentam
[Ministry of Culture, Rio de Janeiro City Hall, Municipal Secretariat of Culture, and Andrea Jakobsson Estúdio present]

TEXTOS [TEXTS]
Alexander Turra, Fabiane M. Borges, Gonçalo Ivo, Jacqueline A. Finkelstein, Júlio César Mendes, Luiz Emanuel Melo, Marcia Mello, Ricardo Mello, Rosane Queiroz, Tatiana Levy

FOTOGRAFIA E ARTE
[PHOTOGRAPHY AND ART]
Enrico Marone, Josivan Rodrigues, Nuno Ramos

MARKETING CULTURAL [MARKETING]
MaisArte Marketing

PROJETO GRÁFICO [DESIGN]
Andrea Jakobsson

ASSISTENTE EDITORIAL
[EDITORIAL ASSISTANT]
Renata Arouca

REVISÃO DE TEXTO [PROOFREADING]
No Reino das Palavras

TRATAMENTO DE IMAGENS
[IMAGE HANDLING]
Cesar Barreto

TRADUÇÃO PARA O INGLÊS
[TRANSLATION INTO ENGLISH]
Ben Kohn

IMPRESSÃO E ACABAMENTO
[PRINTING AND BINDING]
Ipsis Editora Gráfica

Andrea Jakobsson Estúdio Editorial Eireli
Rua Percy Murray, 5/703 CEP 22071-040.
Copacabana Rio de Janeiro (RJ)
atendimento@jakobssonestudio.com.br
www.jakobssonestudio.com.br

PATROCÍNIO [SPONSORS]

MARKETING

APOIO INSTITUCIONAL [SUPPORTED BY]

REALIZAÇÃO [PRODUCTION]

MAR DE CULTURA: ESTUDOS

Alexander Turra
Enrico Marone
Fabiane M. Borges
Gonçalo Ivo
Jacqueline A. Finkelstein
Josivan Rodrigues
Júlio César Mendes
Luiz Emanuel Melo
Marcia Mello
Nuno Ramos
Ricardo Mello
Rosane Queiroz
Tatiana Levy

DÉCADA DO OCEANO 2021 — 2030

Andrea Jakobsson Estúdio

Carlos Balliester
Marina com regata a velas e rebocador
1919
Óleo sobre tela [Oil on canvas]
25,5 x 70, 5 x 3,5 cm
Acervo [Collection] Museu de Arte de São Paulo Assis Chateaubriand. Inv. n. 00532.
Foto [Photo]: João Musa

ESTE LIVRO É DEDICADO A
PAULO MARIO CORREIA DE ARAÚJO,
PARA QUEM A NATUREZA FOI
INSPIRAÇÃO, MEIO E FIM.

THIS BOOK IS DEDICATED TO
PAULO MARIO CORREIA DE ARAÚJO,
FOR WHOM NATURE WAS
INSPIRATION, MEANS AND END.

É com grande orgulho que apresentamos *Mar de cultura: estudos*, uma obra patrocinada pela TGS, empresa líder no setor de soluções geofísicas e comprometida com a preservação dos oceanos. Este livro é um tributo ao papel essencial que o mar exerce sobre nossa cultura e nossa história. Para a TGS, preservar o oceano é mais que uma necessidade ambiental: é uma missão cultural, uma forma de manter vivo o vínculo profundo que liga o homem ao oceano desde tempos ancestrais.

Em *Mar de cultura: estudos*, exploramos o valor intangível dos oceanos, aquele que só a cultura pode guardar nos nossos corações e mentes. Um valor que nos remete às nossas origens, à jornada dos antepassados que fizeram do mar uma fonte de subsistência e evolução. A TGS acredita que a preservação desse legado passa pela conscientização e valorização cultural, pois só assim podemos assegurar que o oceano será reconhecido não apenas pelo que oferece materialmente, mas pelo que representa em sua totalidade. *Mar de cultura: estudos* convida o leitor a mergulhar nessa imensidão de saberes e a renovar o respeito por um dos bens mais preciosos da humanidade.

We are proud to present *Sea of Arts: Essays*, a work sponsored by TGS, a leading company in the geophysical solutions sector and committed to the preservation of the oceans. This book is a tribute to the essential role that the sea plays in our culture and history. For TGS, preserving the ocean is more than an environmental necessity: it is a cultural mission, a way of keeping alive the deep bond that has linked man to the ocean since ancient times.

In *Sea of Arts: Essays*, we explore the intangible value of the oceans, which only the arts can keep in our hearts and minds. A value that takes us back to our origins, the journey of our ancestors who made the sea a source of subsistence and evolution. TGS believes that preserving this legacy involves awareness and appreciation of the arts. It is the only way to ensure that the ocean will be recognized both for what it offers materially, and for what it represents in its entirety. *Sea of Arts: Essays* invites the reader to delve into this immensity of knowledge and to renew the respect for one of humanity's most precious assets.

Lei de Incentivo à Cultura
Lei Rouanet
TGS
Ministério da Cultura
Governo Federal
Brasil
União e Reconstrução

A ERM molda um futuro sustentável com organizações líderes globais. Inspirados pelo legado de Paulo Mario Correia de Araújo (*in memoriam*), antigo sócio da ERM, entusiasta em sustentabilidade e profissional comprometido com a agenda ambiental, apoiamos o livro *Mar de cultura: estudos*.

Ao participar deste projeto, reafirmamos nosso compromisso com a sustentabilidade e com a promoção de uma cultura marítima mais justa e equitativa. Desde o cumprimento de regulamentações até a transformação total dos negócios, a ERM está apoiando clientes em todas as etapas de sua jornada de sustentabilidade.

Nossa *expertise* em soluções personalizadas e nosso compromisso com a inovação nos permitem auxiliar empresas a navegar com sucesso a transição para uma economia de baixo carbono, sempre com um olhar atento para a preservação dos ecossistemas marinhos e a valorização das comunidades costeiras.

ERM is shaping a sustainable future with the world's leading organizations. Inspired by the legacy of Paulo Mario Correia de Araújo (*in memoriam*), a former ERM partner, sustainability enthusiast, and committed environmental professional, we support the book *Sea of Arts: Essays*.

By participating in this project, we reaffirm our commitment to sustainability and the promotion of a fairer and more equitable maritime culture. From regulatory compliance to full-scale business transformation, ERM is supporting clients at every stage of their sustainability journey.

Our expertise in customized solutions and our commitment to innovation enable us to help companies successfully navigate the transition to a low-carbon economy, always with a keen eye on preserving marine ecosystems and valuing coastal communities.

Lei de Incentivo à Cultura
Lei Rouanet

ERM

MINISTÉRIO DA CULTURA
GOVERNO FEDERAL
BRASIL
UNIÃO E RECONSTRUÇÃO

A Prefeitura do Rio, por meio da Secretaria Municipal de Cultura, cuida de um dos maiores patrimônios brasileiros: a cultura carioca.

São mais de 50 equipamentos espalhados por toda a cidade, entre teatros, arenas, museus, bibliotecas, salas de leitura e centros culturais. Uma das maiores redes municipais de equipamentos de cultura da América Latina.

Investimos mais de R$ 200 milhões por ano em cerca de 1.200 projetos pensados, produzidos e estrelados pela cena cultural carioca. São milhares de empregos gerados e um grande aporte financeiro para a cidade.

Criada em 2013, a Lei Municipal de Incentivo à Cultura da cidade do Rio de Janeiro (Lei do ISS) é o maior mecanismo de incentivo municipal do país em volume de recursos e busca estimular o encontro da produção cultural com a população. Acreditamos que a cultura é um vetor fundamental de desenvolvimento econômico e social e de protagonismo da diversidade, da democracia e da nossa identidade.

Rio City Hall, through the Municipal Department of Arts, looks after one of Brazil's greatest heritages: Rio culture.

More than 50 facilities are spread throughout the city, including theaters, arenas, museums, libraries, reading rooms and cultural centers. This is one of the largest municipal art facilities networks in Latin America.

We invest over R$200 million per year in around 1,200 projects designed, produced and featuring the Rio art scene. These investments create thousands of jobs and make a large financial contribution to the city.

Established in 2013, the Municipal Art Incentive Law of Rio de Janeiro (ISS Law) is the largest municipal incentive tool in the country in terms of the volume of resources and seeks to bring together the art scene and the population. We believe that art is a fundamental vector for economic and social development and plays a leading role in ensuring the protagonism of diversity, democracy, and our identity.

RIO CAPITAL DO G20 BRASIL 2024 | Rio PREFEITURA | CULTURA

SUMÁRIO

ARTE OCEANO

ALEXANDER TURRA*

Como uma obra de arte, o oceano nos encanta e nos chama para compreender e refletir sobre aquilo que nele se vê e aquilo que não se vê. Das criaturas mais colossais, como as baleias, aos organismos microscópicos que vivem entre os grãos de areia emergem símbolos que nos enlevam. E essa percepção se diversifica na medida em que nossa relação com o oceano é aprofundada e nosso conhecimento sobre ele e suas infinitas preciosidades é ampliado.

Infelizmente, essa obra de arte vem sendo degradada pelas ações humanas. Não há um só local do oceano em que não se possa registrar o efeito da atividade humana.[1] Destruição de manguezais, praias e recifes de coral, invasão de espécies exóticas, sobreexploração de recursos marinhos, poluição e mudanças climáticas representam diferentes formas do vandalismo que a sociedade vem exercendo sobre ele.

Desde a década de 1990, com a elaboração da Agenda 21, o oceano tem recebido aos poucos prioridade na agenda global. Mas foi nos últimos anos que nosso arsenal para lutar em prol de sua sustentabilidade foi incrementado. Em 2015 a Organização das Nações Unidas (ONU) lançou a Agenda 2030 para o Desenvolvimento Sustentável na qual propôs 17 Objetivos de Desenvolvimento Sustentável.[2] O ODS 14, "Vida na água", visa à "conservação e uso sustentável do oceano, dos mares e dos recursos marinhos para o desenvolvimento sustentável".

Ao longo desse caminho, nossa clareza sobre os benefícios que o oceano provê para as pessoas foi largamente expandida, como seu papel em produzir parte do oxigênio que respiramos, regular o efeito estufa, promover a segurança alimentar e criar oportunidade para a exploração de fontes alternativas de energia. Além do imaginário popular e da livre percepção de suas mensagens explícitas e subliminares, a ciência tem nos ajudado a conhecer o oceano em sua essência – como ele funciona e de que dependem os processos que o fazem ser saudável. Mas, apesar desses avanços, ainda há uma falta estrutural de conhecimento desse que é o maior ambiente da Terra.

A ONU, em resposta, instituiu, em 2017, a Década da Ciência Oceânica para o Desenvolvimento Sustentável,[3] que pretende produzir a "ciência que precisamos para o oceano que queremos". A ciência que se produz e o conhecimento que se compartilha.

Nesse ponto, um movimento iniciado nos anos 2000 – "Cultura Oceânica"[4] – passou a ter um papel estratégico. Ele pretende alargar o conhecimento das pessoas sobre a estrutura, o funcionamento e a importância do oceano e revelar os diferentes papéis que elas têm ou podem ter nos processos de degradação, conservação ou restauração desse frágil e importante ambiente.

Contudo, são necessários ainda a mobilização, o engajamento e a participação da sociedade para fortalecer processos de tomada de decisão que inequivocamente levem a uma mudança na nossa relação com o oceano. Esse é um dos desafios da Década do Oceano: resgatar e ressignificar a relação das pessoas com o oceano, compreendendo e disseminando as diversas formas de se viver em harmonia com ele. E para superá-lo há a necessidade de um aliado adicional: a emoção. A emoção que é o combustível para a ignição de processos transformativos pautados na ciência e no diálogo entre diferentes setores da sociedade.

É nesse contexto que a coleção "Década do Oceano", fruto da parceria entre o Andrea Jakobsson Estúdio e a Cátedra Unesco para a Sustentabilidade do Oceano, foi idealizada. Ela tem lançado livros com uma ampla variedade de temas, mas com um eixo condutor alinhado com a agenda internacional do oceano. São sete títulos já editados: *Povos do mar*; *Farois*; *Brasil, uma história do amanhã: oceano*; *Manguezal*; *O mar visto do espaço*; *O espetáculo da vida marinha* e *Uma onda de mulheres pelo mar*.

Na busca de criar oportunidades para integrar conhecimento e emoção na promoção da cultura oceânica, a presente obra soma-se às demais, mas com um perspectiva diferente. Sob o prisma de distintas manifestações artísticas, pretendeu-se exemplificar os vários olhares, significados e desdobramentos que leituras do oceano complementares à ciência podem nos ofertar.

Mar de cultura: estudos corresponde à primeira de uma série de movimentos para avançarmos na compreensão do binômio Arte Oceano, temática à qual a Cátedra Unesco para a Sustentabilidade do Oceano vem se dedicando. Esse processo de descoberta tem revelado um manancial de papéis para o oceano. Ele por vezes é entendido como pano de fundo no qual cenas históricas são registradas, como na obra de Benedito Calixto. O oceano também atua como protagonista, em especial na arte efêmera, com desenhos feitos na areia da praia sendo inevitavelmente subtraídos pela inexorável subida da maré. Mas o oceano também é inspiração, como nas paisagens costeiras pintadas por José Pancetti.

Esse foi o cenário no qual a presente obra foi idealizada e construída heuristicamente. O resultado dos estudos aqui apresentados remete a uma leitura livre e experimental dos diversos papéis do oceano na arte e dos variados prismas que nos permitem ver a infinita paleta de significados e sensações que a Arte Oceano nos proporciona.

A obra *Mar de cultura: estudos* é composta por oito capítulos com textos fluidos e envolventes e ilustrações retumbantes cujos autores fizeram jus àquilo que lhes serviu de substrato. As variadas manifestações artísticas aqui compartilhadas foram contextualizadas e interpretadas, os artistas desvendados e os desdobramentos para o futuro do oceano explicitados.

E isso nos remete, novamente, ao contexto que nos trouxe aqui. A degradação que o oceano enfrenta pode ser desfeita. Aquilo que fazemos pode contribuir para que o oceano do futuro seja diferente daquele que temos hoje. Mais limpo e saudável, de forma que possa ser utilizado sustentavelmente. A ciência nos ensina isso. Mas a arte nos demonstra e nos impele. O material aqui congregado é um convite à reflexão, à inspiração e, mais que isso, à ação.

** Cátedra UNESCO para a Sustentabilidade do Oceano*
Instituto Oceanográfico, Instituto de Estudos Avançados, Universidade de São Paulo

Cátedra UNESCO para a Sustentabilidade do Oceano

1 Halpern, B. S. et alii, 2008. A global map of human impact on marine ecosystems. *Science*, 319: 948-52.

2 ONU (Organização das Nações Unidas), 2015. Transformando Nosso Mundo: A agenda 2030 para o desenvolvimento sustentável. [https://nacoesunidas.org/wp-content/uploads/2015/10/agenda2030-pt-br.pdf]

3 IOC-UNESCO (Intergovernmental Oceanographic Commission-United Nations Educational, Scientific and Cultural Organization), 2019. A ciência que precisamos para o oceano que queremos: a Década das Nações Unidas da Ciência Oceânica para o Desenvolvimento Sustentável (2021-2030). 24 p. [https://unesdoc.unesco.org/ark:/48223/pf0000265198_por].

4 Santoro, F.; Santin, S.; Scowcroft, G.; Fauville, G.; Tuddenham, P. 2020. *Cultura oceânica para todos – um kit pedagógico*. IOC/Unesco & Unesco Venice Office, Paris. IOC Manuals and Guides, 80, 136 p. [https://unesdoc.unesco.org/ark:/48223/pf0000373449].

O CENTRO DO MAR

GONÇALO IVO

O mar, em sua imensidão, atravessa existências. Agora, de seu centro, não avisto costas, praias ou acidentes geográficos de precárias cartas náuticas. Mito e substância convivem no espaço geográfico e semântico a revelar sua furiosa castidade. O mistério de uma extensão insondável que atormenta a vida, mesmo quando se sonha, aflora um mundo atávico. Não há como conceber nossa estreita existência sem o odor do sargaço, da maresia, do ruído repetitivo das vagas que se chocam, sem início ou fim, com as rochas, defensas imemoráveis de um mundo de água e pedra, bem como de sua alva areia.

O mar, em sua imensidão, possui o que somos. Vivemos sua presença, seu poder.

***

Na Grécia Antiga, deusas e deuses bebiam o vinho da verdade em ânforas de ouro. Numa manhã de inverno de 2013, em uma travessia de Pireus à ilha de Hidra, percebi novamente a potência do mar e de como seu canto e sua dança podem ser traiçoeiros. Meu olhar, já sem alcançar o horizonte, experimentava o espaço ocupado por um muro vertical de altas vagas, numa atmosfera ensombrecida por densas nuvens plúmbeas.

Ao aportar, ancorei meu coração em um presságio mitológico. Ouvi os pássaros do paraíso e experimentei a oportunidade de comer folhas de uva e repousar no lento passar do tempo.

***

Após a longa travessia grega, chego a outro litoral: a costa brasileira entre Alagoas e Ceará. O cheiro do sargaço e da maresia me perseguem como um cão. O azul da paisagem invade a minha memória.

O mar do Nordeste brasileiro evoca muito mais do que a tranquilidade tropical de suas preguiçosas costas, com seus coqueiros inclinados e águas tépidas protegidas por uma barreira de arrecifes.

Aprendi a ler o mar e o seu entrópico encontro com o litoral. Certas vezes, toca-o de forma abrupta; outras, com suaves carícias sobre seus alvos grãos de areia, que guardam, como poros de uma pele imemorial, a água e minúsculos animais marinhos, habitantes de finas camadas de cristal, produz uma epifania pela qual se oculta a vida invisível.

***

Olho *A grande onda de Kanagawa* do mestre japonês Katsushika Hokusai [1760–1849], uma plácida paisagem marinha de Carlos Balliester [1874–1926], inúmeras pinturas de José Pancetti [1902–1958].

O mar e sua imensa mitologia se engastam no subconsciente dos homens, quer em Jorge Amado [1912–2001], seu *Mar morto*, seus *Capitães da areia*, quer na sublime composição de Claude Debussy [1862–1918], *La mer*, em cuja primeira edição de sua partitura, de 1905, a mítica onda de Hosukai se reproduz.

La mer, la mer, toujours recommencée!
Paul Valéry, *Le cimetière marin et autres poèmes*. Paris: Larousse, [1920] 2016

Katsushika Hokusai
A grande onda de Kanagawa [*The Great Wave of Kanasawa*]
Do álbum "Trinta e seis vistas do Monte Fuji"
[From the album "Thirty Six Views of Mount Fuji]
1831-1834
Bibliothèque Nationale de France

José Pancetti
Itapuã, Salvador, BA
1953
105 x 55,5 cm
Coleção [Collection]
Comodato Museu de
Arte de São Paulo Assis
Chateaubriand (Masp), B3
Brasil, Bolsa Balcão. Inv.
C.01227

O mar quando quebra na praia
É bonito, é bonito
O mar... pescador quando sai
Nunca sabe se volta, nem sabe se fica
Dorival Caymmi, "O mar", 1940

Carlos Balliester
Sem título [Untitled]
s.d.
Coleção Denise e
Gonçalo Ivo [Collection]
Foto [Photo]: Gabi
Carrera

Antes da criação não havia homens, animais, pássaros, peixes, caranguejos, árvores, pedras [...]
O mar estava suspenso e no céu não havia ruído. [...]
Nada estava em ordem a não ser o mar e a água
que estavam calmos e tudo era silêncio e obscuridade como a noite.
Popol Vuh, antigas histórias dos índios Quichés da Guatemala em tradução livre do autor

Chaque jour, on regardait ça: la mer écrite.

C'est la mer.
Elle a tout pris.
Elle a cassé la forêt de marbre.
Mais elle garde aussi.
Christ, elle garde aussi.
Et rien, elle garde aussi, elle se trompe la mer.
Elle marche avec le temps, tout comme si c'était possible.
Marguerite Duras, *La mer écrite*, 1996. Paris: Editions Marval

Quantas odes marítimas nos foram sussurradas pelo vento do litoral ou pelas traiçoeiras correntes subterrâneas? Tempo e maré. Em quais costas, auroras, levantes, ocasos ou noites em praias de areias claras o mar se manifesta? Quantos serão os seixos, conchas, restos de embarcações, naufrágios, flagelos e dores? Quantos os cantos entoados por viúvas em roupas negras, de que maridos e filhos, pescadores, viram-se inermes em face do canto de sereias sibilinas, rumo ao mundo vertical deste mar passado à corda de enforcado?

***

Recuso-me a vagar na abstrata profundeza do oceano. Sua turva opacidade, onde habitam seres que se iluminam como estrelas e bailam aleatoriamente num mundo vegetal e movediço, é o pesadelo e o destino dos navegadores, que sucumbem, a despeito de bússolas e astrolábios, aos caprichos de doces cantos, marés e redemoinhos.

Invoco a claridade do dia, ou mesmo do mar plano, para que ela seja a luz do relâmpago que, na noite tempestuosa, cai ortogonalmente na fazenda marítima e ali se abriga.

O *Popol Vuh*, a bíblia maia, alude a um mar suspenso – tudo antes da criação evoca o vazio e o nada. Em diversas mitologias, o mar se manifesta de maneira polifônica. Nas dengosas praias baianas de Pancetti, engasta-se. Magnífico elo entre a cultura de herança negra e um estranho orientalismo, presente também nas diminutas lavadeiras, livremente executadas com pinceladas rápidas, e seus tecidos deitados na areia como contas de cor. O Oriente ecoa como em Guignard, na alegria das festas invernais, nas montanhas tão longe da costa, na Ouro Preto inventada.

Hoje contemplei velhas fotografias. Algumas estavam em porta-retratos sobre as mesas. Outras se projetavam das brancas paredes de meu ateliê de Vargem Grande, Teresópolis, na ainda fria madrugada. Assemelhavam-se a estampas fantasmagóricas, aparições bruxuleantes que só se materializam em sonhos.

A necessidade de representar as coisas do mundo, real ou onírico, sempre foi um dos credos para superar o efêmero, o constante rompimento da velocidade temporal e o entendimento de mudanças em nossa existência. Mesmo em épocas imemoriais, imobilizar o instante pela imagem é a sutil evidência de que o registro tem como função primordial "guardar" momentos, como se fossem fotogramas ou segredos a serem vistos num futuro desconhecido, no qual já não se estará. Imagens são sedimentos, estratos superpostos no solo que se quer vertical.

Joseph Beuys, Charles Wilp
[Fey Verlag, Stuttgart]
1978
Sem título [Untitled]
Do portfólio [From the portfolio]
"Sand Drawings"
52 x 72 cm
Harvard Art Museums/ Busch-Reisinger Museum, The Willy and Charlotte Reber Collection, Louise Haskell Daly Fund

1995.378.19

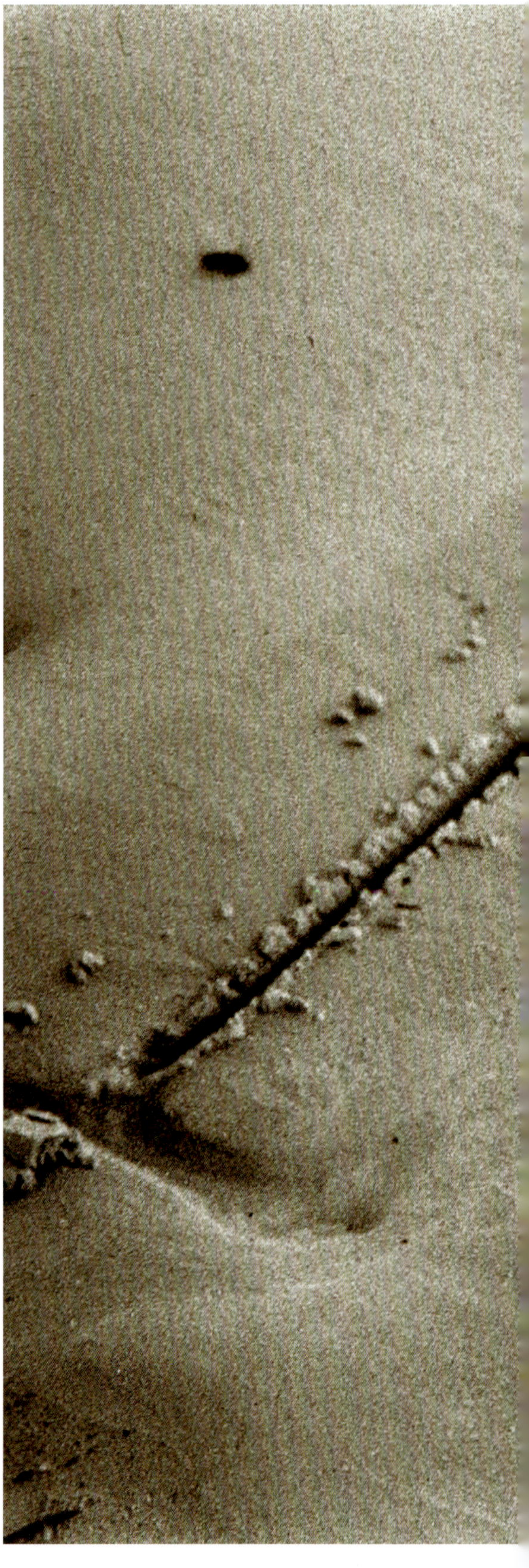

Lembro de Jacques Henri Lartigue [1894–1986] e suas fotografias de um passado impreciso borrado por grãos de prata. Recordo-me também da enigmática e dionisíaca figura de Joseph Beuys [1921–1986] sob o sol de Diani, praia da costa do Quênia, em 1974, nas imagens feitas por Charles Wilp [1932–2005], graças às quais temos o registro de suas intervenções sobre as areias do litoral africano, acontecimento que, em mim, suscitou um grande desejo de evasão.

Beuys cria uma construção cósmica, de concepção primitiva, rudimentar e xamanista, em que a gramática da representação de alces, bisontes, nus femininos e esqueletos, e mesmo uma trama geométrica que faz recordar currais de peixe, padrões de tecidos do Senegal ou edificações de adobe e bambu se encastoam no mundo como fósseis contemporâneos. Todo o seu deslumbrante firmamento de imaginação arcaica e primitiva, coberto de sal, é acariciado pelo vento que sopra do mar e alcança falésias e coqueirais, criando o fluxo de um sopro que me conduz à liberdade, ao irracional, à mitologia e às remotas cavernas de Altamira e Lascaux.

Nessas imagens fotográficas contrastadas e saturadas, Beuys se assemelha ao ícone de um grande inseto, talvez um gafanhoto incrustado em pedra vulcânica ou outro bicho qualquer a extrair do solo um verme ou nele inserir algo que a providência divina apagará de Diani no decorrer de um ciclo lunar e suas marés.

A natureza transforma os desenhos feitos em Diani em frágeis e efêmeras efígies do inefável. Em Altamira, as imagens das palmas das mãos de nossos ancestrais nos dizem: "Estivemos aqui". Joseph Beuys esteve em Diani, deixando-nos o legado do que se moverá sob o sol e ao sabor do mar, cujos rastros se apagam na escura e silente noite do mundo.

***

Há um mundo flutuante? Em toda praia que caminho, abandono minha marca de peregrino. Meus passos já não me acompanham. Resta o desenho de uma lembrança impressa em sua areia. A maré montante apagará meu tempo, para que uma vez mais mergulhe no insondável azul do mar.

Sítio São João, 22 de agosto de 2024

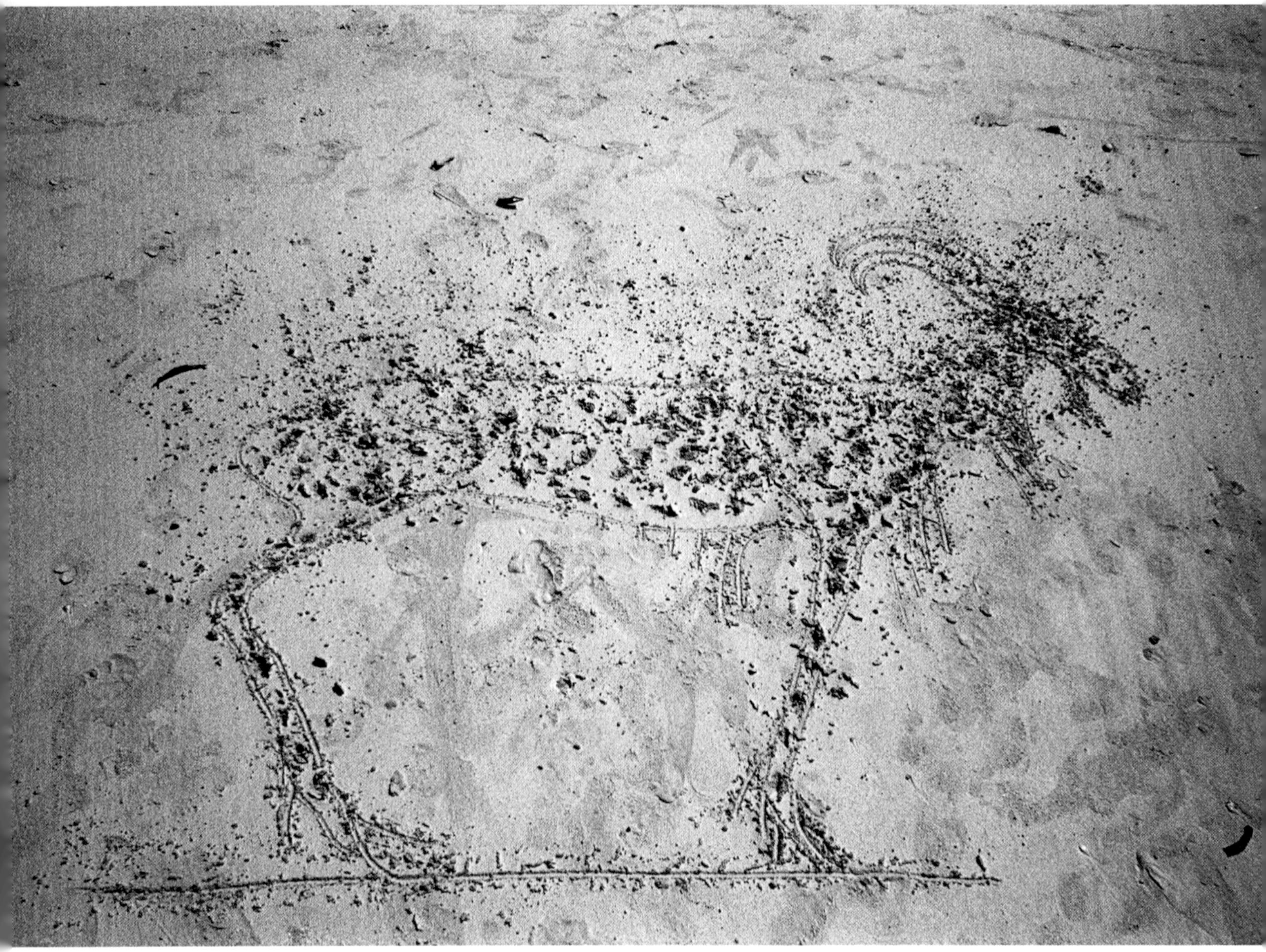

Acima [Above]
Joseph Beuys, Charles Wilp
[Fey Verlag, Stuttgart]
1978
Sem título [Untitled]
Do portfólio [From the portfolio]
"Sand Drawings"
72 x 52 cm
Harvard Art Museums/
Busch-Reisinger Museum, The Willy and Charlotte Reber Collection, Louise Haskell Daly Fund
© Artists Rights Society (ARS), New York / VG Bild Kunst, Bonn. Photo © President and Fellows of Harvard College, 1995.378.16

Página à direita [Page to the right]
Joseph Beuys, Charles Wilp
[Fey Verlag, Stuttgart]
1978
Sem título [Untitled]
Do portfólio [From the portfolio]
"Sand Drawings"
52 x 72 cm
Harvard Art Museums/
Busch-Reisinger Museum, The Willy and Charlotte Reber Collection, Louise Haskell Daly Fund
© Artists Rights Society (ARS), New York / VG Bild Kunst, Bonn. Photo © President and Fellows of Harvard College, 1995.378.6

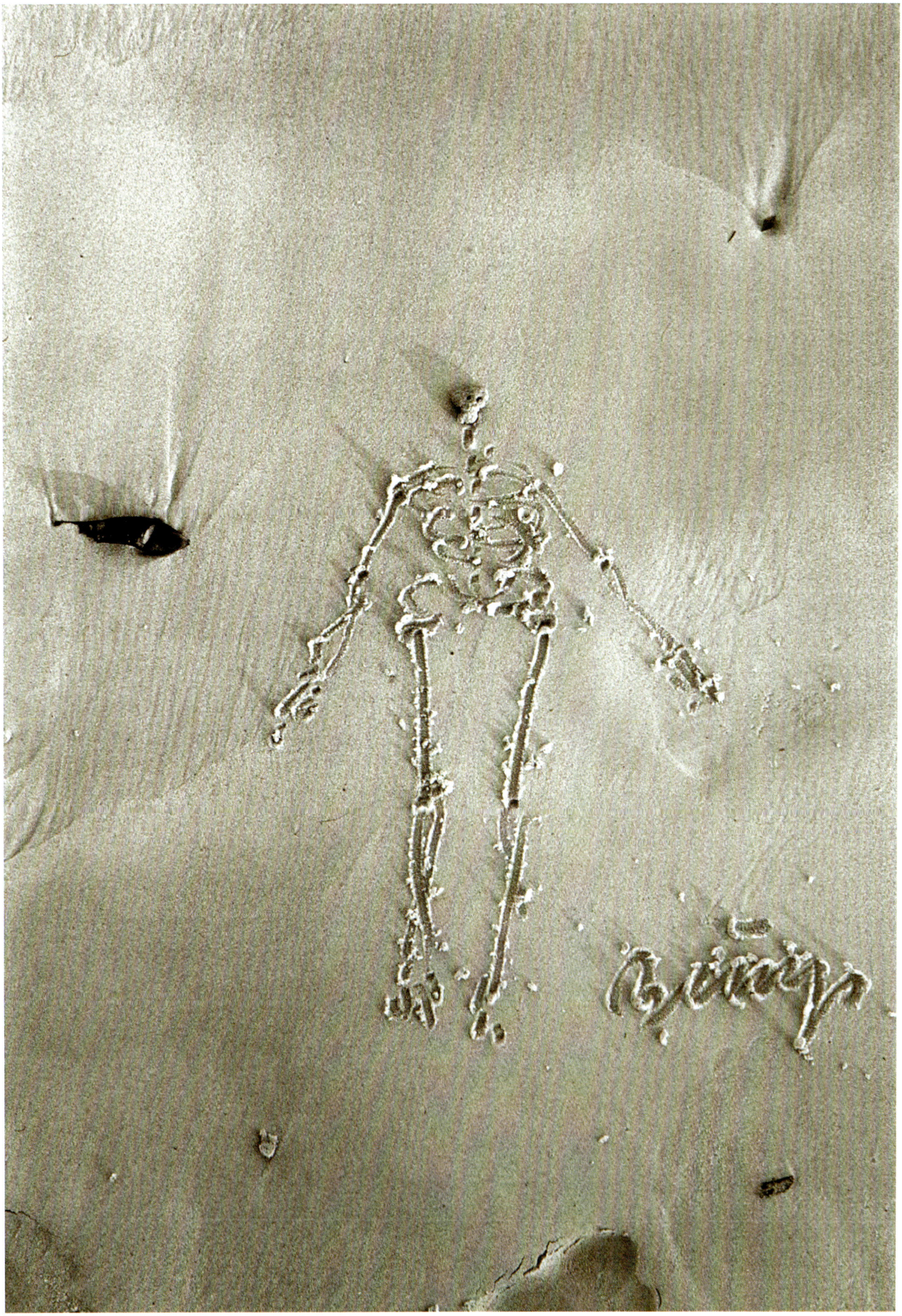

À esquerda [To the left]
Charles Wilp
1978
Sem título [Untitled]
Do portfólio [From the portfolio]
"Sand Drawings"
72 x 52 cm
Harvard Art Museums/ Busch-Reisinger Museum, The Willy and Charlotte Reber Collection, Louise Haskell Daly Fund
© Artists Rights Society (ARS), New York / VG Bild Kunst, Bonn. Photo © President and Fellows of Harvard College, 1995.378.12

Página à direita [Page to th right]
Joseph Beuys, Charles Wil
1978
Sem título [Untitled]
Do portfólio [From the portfolio]
"Sand Drawings"
52 x 72 cm
Harvard Art Museums/ Busch-Reisinger Museum, Willy and Charlotte Reber Collection, Louise Haskell Daly Fund
© Artists Rights Society (A New York / VG Bild Kunst, Bonn. Photo © President a Fellows of Harvard College 1995.378.22

UM OCEANO DE IMAGENS

MARCIA MELLO + RICARDO MELLO

Se existisse uma cartografia para se chegar ao mundo das imagens, ela provavelmente haveria de se perder por mares ainda não navegados. Mesmo que rotas mapeadas nos conduzam por caminhos estabelecidos, atravessar o oceano do mundo das imagens é seguir por desvios, procurando um certo distanciamento desejoso das rotas seguras existentes.

Os desvios nos colocam em contato com a subjetividade e o desconhecido, estabelecendo conexões com o inconsciente. E é nesse oceano que muitos artistas se inspiram para dar visualidade às suas pulsões. Mares da consciência, abraçados pelo oceano do inconsciente, conduzem ao fascínio da transversalidade possível entre as imagens endógenas e imagens exógenas, numa espécie de sinfonia regida pelos símbolos.

Os símbolos são da ordem do desconhecido e representam algo que passa por experiências e vivências sem que seja possível ter seu significado esgotado ou definido. São as manifestações exteriores dos arquétipos, a via capaz de nos conectar às imagens universais.

Símbolos emergem como um referencial subjetivo que gera um movimento de atração psíquica e levam ao arrebatamento quando estamos diante de uma obra de arte, por exemplo. Por diferentes vias, eles nos transportam ao que existe de nós dentro da obra e o que existe da obra dentro de nós. Carregam em si imagens arquetípicas que se renovam na medida da experiência do sujeito contemporâneo, que, em sua essência, mantém latente a devida potência das imagens universais que fazem parte do inconsciente coletivo.

NOVAS COORDENADAS

Num mundo repleto de imagens nos acostumamos a ver fotografias com referências condensadas, muitas vezes sob coordenadas históricas. Quando nos permitimos ir além e nos deixamos convocar pelos aspectos psicológicos da fotografia, acabamos nos aproximando de suas camadas subjetivas, que dão o sentido simbólico da criação.

E é nesse estado amplificado do sentir que a fotografia contemporânea se reveste de uma natureza múltipla, que suscita experiências híbridas nas quais as imagens se deslocam e ganham movimentos, sons, pausas, ausências, permanências.

As imagens de agora remetem a outros tempos que vão além da linearidade presente em Cronos. A experiência expandida fala do tempo indeterminado de Kairós, lida com o momento que não se mede e que permite sentir a experiência na alma.

Em Kairós, a imagem é o tempo em que algo especial acontece.

DESVIOS E ENCONTROS

As imagens apresentadas neste ensaio levam a um mergulho profundo no universo simbólico de quem as realizou. São pausas no tempo. Colocam tudo em suspensão, numa dimensão poética, que conduz às sensações, ao que sentimos ao fechar os olhos e imaginar...

São vias e desvios de seus autores, caminhos que eles seguiram para expressar as suas relações com o mundo por diferentes meios, linguagens, materiais e que têm como matéria-prima a imaginação.

Pela imaginação, somos transportados a diferentes mares, por águas que invadem espaços e criam novas dinâmicas existenciais. No meio desse oceano, entidades ancestrais se revelam, símbolos sagrados remetem ao feminino – que está em todos os seres que habitam terras e mares conhecidos ou a descobrir. Mares em negativo, mares em positivo. Mares conscientes, mares inconscientes. Paisagens que remontam à relação do humano com o céu, com a terra, com o fundo do mar, por onde passam as contradições e todos os conflitos.

É desse sutil sentir que insurgem as imagens contemporâneas. O desejo do artista de se manifestar visualmente faz a fotografia ser o espaço para narrativas que vão além de sua compreensão semiológica.

O oceano gera, em virtude de sua extensão aparentemente sem limites, as imagens da indistinção primordial, da indeterminação original. Assim como as imagens do agora.

p. 29
Ana Stewart
Sonho Antonio
2013
Pigmento mineral sobre papel de algodão [Mineral pigment on cotton paper]
Edição 1/6 + 2 PA [Edition of 1/6 + 2 AP]
170 x 150 cm

Abaixo [Below]
Katia Maciel
Mar adentro
2014
Instalação interativa [Interactive installation]
Funarte, Belo Horizonte
Foto [Photo]: Paula Moura

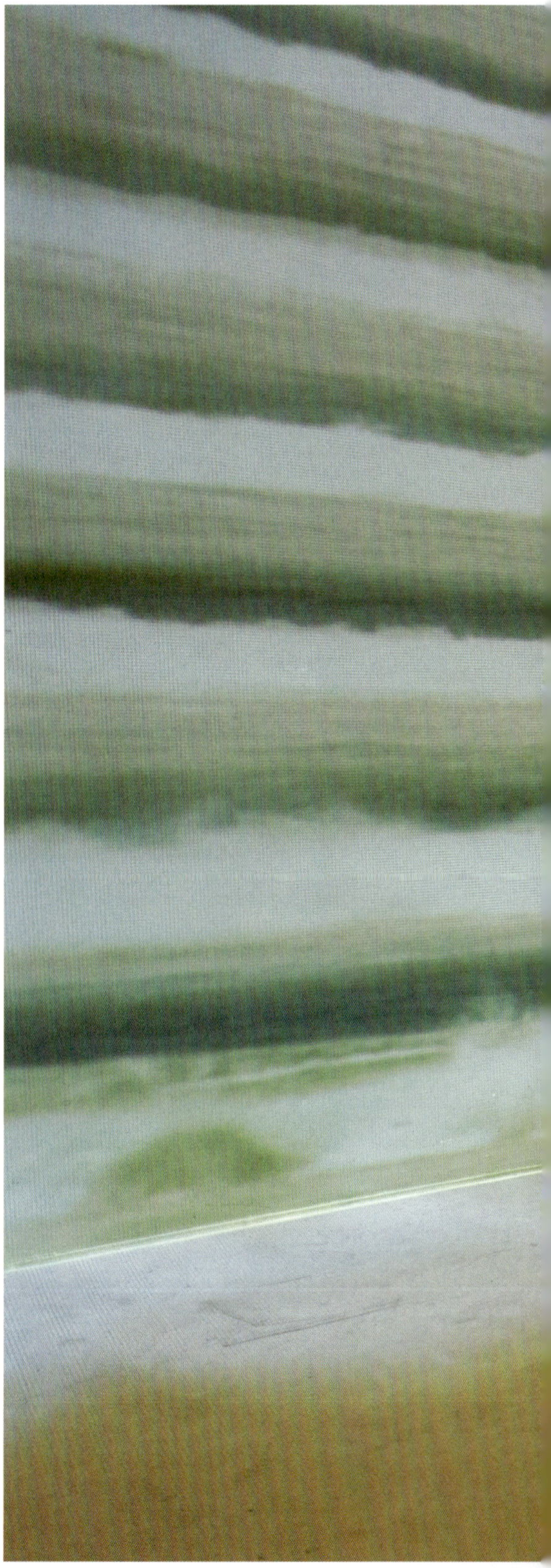

Katia Maciel (Rio de Janeiro, 1963)
Poeta inquieta, Katia Maciel transita num ambiente múltiplo de atuação. Gesta conceitos, ouve seus instintos criativos e se arrisca numa linguagem polissêmica, que envolve videoinstalação, poema-objeto, poesia performance, instalação interativa, videopoema, performance expandida. A palavra, naturalmente muito marcante no seu trabalho, desconstrói tudo o que é preestabelecido, abrindo novas possibilidades de entendimento do mundo.

Sua criação artística envolve com frequência a representação do mar: *Quebra-mar*, *Mar adentro*, *Vertigo*, *Mareando*, *Ondas: um dia de nuvens listradas vindas do mar*, *Variações sobre o horizonte* são alguns desses trabalhos.

Numa prática heterodoxa, a artista levanta muitas possibilidades de investigação estética, renovando incessantemente seu pensamento teórico e filosófico. O movimento regular da maré e o barulho intermitente gerado pelo mote das ondas são retratados com imagens singulares em atos sincopados e – por vezes – infinitos, que refletem os anseios transformadores da artista.

Em referência aos estudos do movimento realizados por Edgar Muybridge no fim do século XIX, a instalação "Quebra-Mar", composta por nove telas, mostra uma onda estourando repetidas vezes, decompondo seu movimento iniciado na primeira tela e terminando da última. Quase cinema. As telas colocadas na posição vertical rompem padrões e subvertem a ilusão da linha do horizonte.

Abaixo [Below]
Katia Maciel
Ondas: um dia de nuvens listradas vindas do mar
2006-2014
Instalação interativa [Interactive video installation]
Centro Cultural Banco do Brasil Rio de Janeiro
Foto [Photo]: Leandro Pimentel

p. 32-33
Katia Maciel
Quebra-mar
2017/2024
Videoinstalação [Video installation]
"A invenção da praia"
Exposição nas ruínas do Cassino da Urca [Exhibition at the ruins of the Urca Cassino]
Foto [Photo]: Leandro Pimentel

No alto [At the top]:
Edu Monteiro
Lulu
2017
Da série [From the series]
"Ilha-Terreiro"
Fotografia digital, impressão em papel algodão Hahnemühle [Digital photography printed on Hahnemühle cotton paper] Edição 7 + 2 PA [Edition of 7 + 2 AP]
75 x 60 cm
Acervo [Collection]
Galeria Movimento

Embaixo [Below]:
Edu Monteiro
Daniel
2017
Da série [From the series]
"Ilha-Terreiro"
Fotografia digital, impressão em papel algodão Hahnemühle [Digital photography printed on Hahnemühle cotton paper] Edição 7 + 2 PA [Edition of 7 + 2 AP]
75 x 60 cm
Acervo [Collection]
Galeria Movimento

Edu Monteiro (Porto Alegre, 1972)
É praticante da capoeira de angola. A busca pelas origens das danças de combate afrodiaspóricas o levou a outros continentes, onde fotografou os rituais da Laamb – luta ancestral senegalesa – e da Ladja – combate sincopado afro-caribenho praticado na Martinica. No Atlântico Negro, escuta a ancestralidade dos espaços da história e da memória afetiva.

Na Martinica, convidou alguns lutadores amigos para performar no mar, buscando comunicação com as origens africanas. Munidos de objetos escolhidos por eles, invocam entidades arcaicas que emergem das profundezas do oceano. O gesto remete ao regresso, traz lembranças imemoriais dos sons cadenciados dos cantos e do toque do tambor propagados pelos alísios africanos, que ressoaram naquele instante de cumplicidade entre o fotógrafo e o retratado. O espaço cênico no mar gerou novas perspectivas de investigação artística de temas problematizados nos tempos atuais, revisitando questões obscuras de nossa história:

...esta tese mergulha no universo do colonialismo. Uma travessia que parte de suas rotas mais perversas, para navegar nos gestos de resistência corporais, artísticos e literários, até emergir nos atravessamentos das fronteiras físicas e culturais de suas expressões na contemporaneidade.[1]

O protagonismo dos personagens, sob o ponto de vista poético adotado pelo artista, resgata o tempo mítico engendrado em cada ação performática. As representações poéticas de Edu Monteiro atuam como mote de resistência atravessando os séculos de diáspora.

Gabi Carrera
Opus#2, aquela jubarte ainda canta dentro do meu travesseiro
2022
Fotografia digital invertida para negativo impressa em tecido
[Inverted digital photograph to negative printed on fabric]
100 x 66 cm

Gabi Carrera (Rio de Janeiro, 1983)
Uma curiosidade enigmática pelo maior mamífero do mundo levou Gabi Carrera a buscar caminhos para alcançar um sonho.

A baleia, símbolo de renascimento espiritual, é considerada um animal sagrado em algumas culturas. No xamanismo, ela ensina a ouvir a voz que emana de nossas profundezas e aponta o melhor rumo a seguir. Para a artista, esse chamado vindo do âmago se revelou em fotografias preto e branco de grande densidade, obtidas ao usar a forma negativa do registro fotográfico. Essa opção recobriu de mistério as imagens de baleias que vem realizando no litoral brasileiro, ampliando também os significados simbólicos de seu trabalho.

O aspecto obscuro ressalta a sensação enigmática, a percepção de força e remete a uma memória emocional primordial. O tom azulado, que se insinua na imagem final, eclipsa a luz do sol e espelha a luz da lua sobre o mar. A noite e o desconhecido reiteram os desejos incógnitos da artista.

A figuração do elemento água, naturalmente predominante nos registros fotográficos da série, remete a outras simbologias. A água se relaciona ao feminino, fonte de nascimento contínuo e a tudo que é transitório. Princípio e fim de todas as coisas da terra, o elemento une profundidade e infinitude, incita a imaginação e, por isso, vem inspirando artistas interessados na representação dos mistérios da vida.

Para os chineses, é a residência do dragão. Na Índia, é o elemento que mantém o ciclo da vida por meio da chuva, do leite, do sangue. Vida e morte, permanência e transitoriedade, são metáforas comuns quando pensamos em água. São também expressões perseguidas por Carrera ao se aventurar no mar com cientistas, interessados em entender a vida dos cetáceos, seus movimentos, hábitos e cantos.

Num caminho inverso, em contranarrativas poéticas, busca um entendimento subjetivo de tantos símbolos insondáveis que envolvem o tema artístico que elegeu. Entre matéria e forma, sua imaginação resvala o real e mergulha na dimensão dos ícones. Navegando entre os estados inconsciente e consciente, entre a claridade e a escuridão, há – para a artista – o canto mágico das baleias.

Gabi Carrera
Opus#6, aquela jubarte ainda canta dentro do meu travesseiro
2022
Fotografia digital invertida para negativo impressa em tecido
[Inverted digital photograph to negative printed on fabric]
100 x 66 cm

José Diniz
O céu vem abaixo 1
2017
Impressão de pigmento mineral sobre papel de algodão [Mineral pigment print on cotton paper]
10 cópias [10 copies]
80 x 60 cm

José Diniz
O céu vem abaixo 2
2017
Impressão de pigmento mineral sobre papel de algodão
[Mineral pigment print on cotton paper]
10 cópias [10 copies]
80 x 60 cm

José Diniz (Niterói, 1954)
A base narrativa de José Diniz se constrói em representações de batalhas navais e paisagens marinhas atemporais. O fio condutor da série que intitulou "O céu vem abaixo" é o elemento bélico: periscópios, submarinos, aeronaves surgem inadvertidamente na paisagem. O fotógrafo registra embates travados com armamentos construídos por ele, que tomam forma por meio de densas sombras e sutilezas de luz nas ações encenadas em enquadramentos feitos de dentro d'água. Cria, dessa forma, um curioso memorial de guerra em preto e branco, que instiga e ativa sentimentos hostis e divertidos ao mesmo tempo.

O tratamento pictórico e as imprecisões obtidas com as lentes da câmera e pelas ondas, que se interpõem entre ele e a cena retratada, criam mistérios e contribuem para a perfeita tradução de sua imaginação.

As fotografias capturadas dentro d'água transmitem sensações de instabilidade e tensão:

Para fotografar dentro do mar não basta apenas a visão. É necessário todo o corpo, usando os cinco sentidos. A máquina fotográfica está num ponto abaixo do horizonte e as ondas são montanhas em movimento,

disse o artista.[2]

Estimulado pelo pai, pintor e professor de geometria, Diniz sempre desenhou e se relacionou com o mar de forma constante e muito lúdica. Em seus devaneios infantis, criou situações de combate, ilustrando e fazendo notas de estratégias dos jogos de guerra assistidos na TV e nas brincadeiras de menino. A caligrafia infantil converteu-se em fotografias enigmáticas que instigam o observador. Vistas em perspectiva, suas figurações de guerra são agora solilóquios de quem ainda sonha com aventuras num submarino de guerra em mares do imaginar.

José Diniz
O céu vem abaixo 3
2017
Impressão de pigmento mineral sobre papel algodão [Mineral pigment print on cotton paper]
10 cópias [10 copies]
80 x 60 cm

Hiroshi Sugimoto
Ionian Sea, Santa Cesarea
1990
Cortesia do artista [Courtesy of the artist]

Hiroshi Sugimoto (Tóquio, 1948)
O fotógrafo japonês Hiroshi Sugimoto é conhecido pela maneira como arquiteta conceitos e adota formas de fotografar para criar imagens vindas diretamente de sua imaginação.

Profundo conhecedor das técnicas fotográficas, opta por recursos que põem em questão sua própria natureza, subvertendo a relação com o tempo e a realidade retratada. Concebe, assim, uma nova maneira de lidar com o mundo.

Normalmente, os fotógrafos capturam algo. Eu uso a câmera para projetar minha ideia interna de realidade,[3]

observou certa vez.

Em sua consagrada série de paisagens marinhas, "Seascapes", o fotógrafo traça a linha imaginária do horizonte sem nenhum tipo de interferência que distraia nossa atenção ao observá-la. Trabalha com um tempo estendido através de longa exposição com câmeras de grande formato, que situa estrategicamente de modo a dividir uniformemente o céu e o mar por seu ponto de vista. Os plácidos registros da luz na superfície do mar, em diversos momentos do dia e da noite, nos defrontam com o sentimento de eternidade.

Ao comprimir o tempo, o fotógrafo desafia as noções preestabelecidas do tempo cronológico e histórico, descortinando outras possibilidades de vivenciar as emoções. Talvez seja a forma que encontrou para trazer suas lembranças mais remotas que aludem ao mar, quando aos quatro anos de idade visitou a baía de Sagami. A falta de referências geográficas intensifica a atemporalidade diáfana das abstrações que constrói com uma gama tonal controlada.

Como mantra, as imagens silenciosas produzidas por Sugimoto desaceleram nosso olhar, nos libertam dos referenciais corriqueiros e nos movem para um estado de transcendência. É preciso parar por instantes e mergulhar na magia do vazio para acessar os instintos e a sabedoria ancestral ali adormecidos. A suavidade da paleta que adota contribui para esse estado meditativo, nos atrelando a uma perspectiva cósmica do mundo.

Hiroshi Sugimoto
N. Pacific Ocean, Ohkurosaki
2013
Cortesia do artista [Courtesy of the artist]

Hiroshi Sugimoto
Boden Sea, Uttwil
1993
Cortesia do artista [Courtesy of the artist]

Leonardo Ramadinha (Rio de Janeiro, 1977)
De tempos em tempos, surgem recursos tecnológicos que viabilizam novas formas de criação de imagens. A inteligência artificial vem sendo adotada por alguns artistas sintonizados com o momento atual, com o objetivo de valorizar os misteriosos espaços da imaginação. Um divisor de águas, a IA é capaz de aproximar a realidade às experiências de natureza puramente simbólica. Foi a ferramenta escolhida por Leonardo Ramadinha para materializar sua poesia.

"Tanto faz onde começa, se no final se encontra" dá sequência a outras séries fotográficas realizadas pelo artista nas quais o mar é o protagonista: "Linha do horizonte", "Parte de mim é mar", "Angra dos Reis". Sua produção mais recente cria metáforas, lida com a fragilidade e a bravura ao apresentar um pequeno barco que nunca é abatido no mar revolto, mesmo em situações de grande perigo. As imagens geradas por IA fogem de registros representacionais, colocando a tecnologia ao dispor das percepções, dos pensamentos e dos devaneios poéticos do artista.

Num transbordamento de aspectos meramente documentais, vencendo a frieza dos robôs, Ramadinha faz um tributo a obras épicas como *A grande onda de Kanagawa*, de Hokusai; as fragatas em batalhas históricas de Edoardo de Martino; *Tempestade no Mar de Galileia*, de Rembrandt,[4] entre tantas outras.

"Sophia de Mello Breyner escreve como eu fotografo o mar", repete sempre o artista, que se identificou com as palavras da poetisa portuguesa em "Mar sonoro":

Mar sonoro, mar sem fundo, mar sem fim.
A tua beleza aumenta quando estamos sós
E tão fundo intimamente a tua voz
Segue o mais secreto bailar do meu sonho.
Que momentos há em que eu suponho
Seres um milagre criado só para mim.[5]
Sophia de Mello Breyner

Acima [Above]
Leonardo Ramadinha
Da série [From the series]
"Tanto faz onde começa se no final se encontra"
A tempestade vai passar #1
2023
Pigmento mineral sobre papel de algodão
[Mineral pigment print on cotton paper]
90 x 60 x 4 cm
Tiragem [Printrun]: 1/3

Leonardo Ramadinha
Da série [From the series]
"Tanto faz onde começa se no final se encontra"
Wave #1
2023
Backlight em fineart film
[Backlight on fineart film]
60 x 60 x 7 cm
Tiragem [Printrun]: 1/3

Miguel Rio Branco
Tubarões de seda
Instalação [Installation]
1998/2008
15 peças por 1 m x 1 m x 0,5 m
[15 pieces 1 m x 1m x 0,5 m
Acervo [Collection] Inhotim

p. 50-51, no alto [at the top]
Miguel Rio Branco
Tubarões no deserto
Instalação [Installation]
1998
Cibachrome / Fotografia [Photography]
1 m x 3 m

p. 50-51, embaixo [at the bottom]
Miguel Rio Branco
Tríptico tubarões
Instalação [Installation]
1998
Cibachrome / Fotografia [Photography]
1 m x 3 m

Miguel Rio Branco (Las Palmas, 1946)
O trabalho de Miguel Rio Branco vem se destacando na cena artística internacional com imagens de forte carga poética. Seu complexo processo criativo passa por pintura, cinema, fotografia. Ritmos são obtidos na combinação de imagens de distintas naturezas que dialogam por meio dos contrastes das formas, cores e sentidos. "Como num baralho de cartas", costuma dizer em suas entrevistas.

Enquadramentos fechados e uma gama de cores densas marcam sua obra, que revela um mundo intrincado entre as farpas de realidade que atravessam seu olhar arguto. A dor e o prazer espelhados em suas lentes acentuam o que está escondido atrás da aparência das coisas. Uma das frases de seu caderno de notas ressalta de forma reveladora: "O sabor pode nascer do veneno como o veneno pode nascer do sabor".[6]

O silêncio de suas imagens é rompido nas instalações audiovisuais que incorporam fragmentos de músicas e sons captados por ele. Cria, dessa forma, composições que se entrelaçam com as fotografias – projetadas ou impressas – envolvendo o espectador num universo particular simultaneamente convulsivo e renovador. Em êxtase, somos transportados do mundo real para o mundo sensível do artista.

"Entre os olhos o deserto", instalação realizada em 1996 por ocasião da Bienal In-Site Santa Fé, contou com fotografias de um tubarão submerso e sobreposto a paisagens áridas do deserto. As composições, sempre em trípticos, misturam situações diversas – retratos, paisagens, detalhes de objetos, texturas, registros de tela de TV – criando inúmeras possibilidades de entendimento de uma proposta lírica, sedutora e libertária.[7]

Numa outra versão que intitula "Tubarões de seda", de 2006, imprime os tubarões em tecidos translúcidos, que são dispostos livremente no espaço expositivo. As imagens se intercalam ou se sobrepõem quando nos movimentamos entre elas. O sentimento de ameaça prevalecente é contraposto à fluidez e leveza da água representada no *voil*, suporte das imagens. A imersão na instalação instiga sentimentos contraditórios de atração e repulsa, sutileza e força, beleza e medo, e ilustra de forma magistral as teorias do *Peri Hypsous*, tratado sobre o sublime escrito no século I por autor desconhecido.

Num processo de constante revisão de seu próprio trabalho, Rio Branco combina e recombina suas fotografias gerando incessantemente novos significados, que motivam novos sentimentos a quem as observa por suas publicações, exposições, instalações audiovisuais. Visitar a mesa de luz onde edita seu trabalho é ir além do visível.

Monteiro, E. 2018. Ou wè y ou pa wè y: Ladja e as máscaras do visível. Tese de doutorado. Rio de Janeiro: Uerj, p. 7.
Entrevista concedida à revista eletrônica *São Paulo* a respeito da exposição "Linha d'água" na Doc Galeria (São Paulo, SP), em 10 de abril 2018. Disponível em https://saopaulosao.com.br/linha-dagua-jose-diniz-e-a-paisagem-marinha-em-pontos-abaixo-do-horizonte/.
Dasartes, 137. Disponível em https://dasartes.com.br/materias/hiroshi-sugimoto/.
A pintura original de Rembrandt, datada de 1633, foi roubada do Museu Isabella Stewart Gardner, em 1990, e continua desaparecida. No entanto, ela está representada numa experiência de arte imersiva *frameless*, em Londres, situação em que o público vivencia os transtornos do mar revolto que invade o espaço expositivo com os recursos da IA.

5. Breyner, S.M. 2015. *Obra poética*. Porto: Assírio & Alvim, p. 128.
6. Rio Branco, M. 2001. *Entre os olhos o deserto*. São Paulo: Cosac & Naify.
7. *Notes on the Tides*. 2006. Catálogo da exposição "Out of Nowhere". Groninger Museum, The Netherlands.

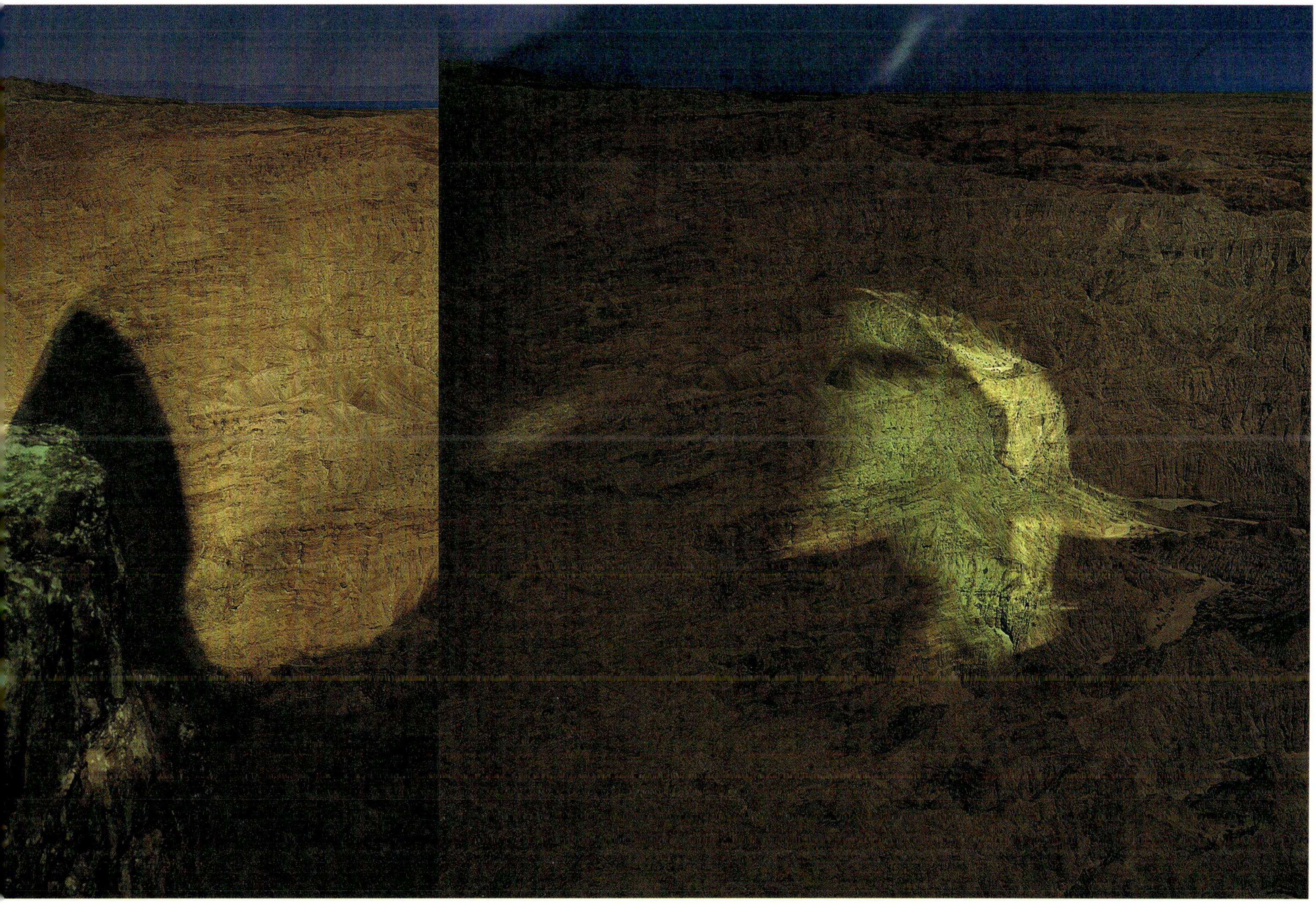

ITAXI MIRIM MAMANGUÁ

ENRICO MARONE . FOTOS
ROSANE QUEIROZ . TEXTO

MARÉ CHEIA DE SABERES

Cestos coloridos, colares de miçangas e bichos de caixeta enfeitam a entrada da aldeia Itaxi Mirim, abrindo caminho para o mar, situada ao longo da estrada que leva ao vilarejo de Paraty Mirim, no litoral de Paraty. O artesanato dos indígenas guarani encanta os visitantes, que param para conhecer de perto sua cultura e adquirir algumas peças.

A terra pertencente aos Guarani Mbya – sobrenome que indica o grupo específico dessa etnia – tem aproximadamente 79,2 hectares, e fica dentro da Área de Proteção Ambiental (APA) de Cairuçu, criada em 1983 para proteger tanto a biodiversidade da Mata Atlântica quanto as comunidades tradicionais que habitam a região. O nome Itaxi Mirim, em tupi-guarani, quer dizer "pedra pequena" e reflete a conexão ancestral dos guaranis com esse lugar. Segundo os anciãos da aldeia, ele se deve a uma rocha localizada na estrada Rio–Santos (BR 101) que, sob neblina, parece coberta por um véu branco.

Os guaranis que habitam o Sudeste do Brasil se estabeleceram em territórios perto do mar e da Mata Atlântica, nomeando suas aldeias de acordo com elementos míticos, reafirmando a ligação com a natureza e suas crenças. Atualmente, a Aldeia Itaxi Mirim abriga 49 famílias, com uma população de cerca de 184 indígenas, em sua maioria mulheres, crianças e jovens. Os Mbya, ou "muita gente num só lugar", são conhecidos por manter viva a sua língua, transmitida oralmente, e o artesanato, que vai passando de geração em geração.

O artesanato é feito por homens e mulheres, no entanto, cada um tem uma função. Por exemplo, é de responsabilidade dos homens ir à mata recolher matérias-primas como taquara e cipó para as cestarias e caixeta para as miniaturas de bichos. Eles se dedicam mais aos cestos e às esculturas, enquanto as mulheres confeccionam bijuterias de miçangas e sementes e móbiles como "filtros dos sonhos" – aqueles que possuem no centro uma teia e teriam o poder de filtrar pesadelos. Há também cocares, chocalhos, flautas e até miniaturas de arco e flecha para as crianças. Nas ruas do Centro Histórico de Paraty, é comum ver o artesanato dos guarani exposto sobre tecidos ou esteiras de palha.

Para essas 49 famílias, o artesanato é um modo de subsistência ou um complemento de renda, mas não só. O trabalho feito à mão vai além da simples confecção de objetos. É também um ato de resistência cultural e uma maneira de manter vivos os vínculos sociais e espirituais que definem a existência de cada comunidade.

Valmir Miri Macena Lima, de 40 anos, além de ser professor na escola da aldeia, se especializou em criar animais talhados em madeira de caixeta. Seu sogro foi quem o apresentou a essa arte, e desde então ele vem esculpindo pequenas tartarugas, tucanos e tamanduás, entre outros. A onça, para Valmir, é a peça mais desafiadora, por causa do desenho detalhado do rosto e das pintas, que ele tatua, uma a uma, com arame quente. "Fazer bichos pequenos é mais trabalhoso", diz Valmir, destacando que o valor das peças não se mede pelo tamanho, mas pelo tempo envolvido no processo: "Quem entende de arte sabe que ali tem uma dedicação, um carinho, uma cultura".

Marcelo Karai Mirim, 42 anos, por sua vez, aprendeu com o pai a transformar palha em cestas, balaios e peneiras. Cada peça é um encontro de paciência e memória ancestral. "Preparo a palha, tinjo com anilina, e vou trançando", explica. Ele fala das cestas *warai*, que guardam frutas, e das *ajaká*, para carregar sementes. A trama começa pelo fundo e vai subindo pelas laterais. As bordas podem ser amarradas com cipó ou ganham um acabamento embutido difícil de decifrar. A seleção das cores e dos desenhos é intuitiva. "Escolho na cabeça como vai ser, na hora, sem pensar antes", diz ele.

TEKOA
ITAXI MIRIM

O mar é o caminho para a matéria-prima. As cestas guaranis são parte não apenas da cultura material como espiritual dessa comunidade. Elas carregam significados sagrados, muitas vezes presentes em cerimônias e rituais religiosos. A produção de uma *ajaká*, portanto, exige paciência e respeito pela natureza. A palha passa por diversos estágios: é seca, lixada, tingida e, finalmente, tramada de acordo com padrões de grafismos diversos. As *ajakás* também funcionam como utilitários no dia a dia. "Para o turista, o cesto é decoração, mas para nós ele tem função de carregar e guardar coisas. Com as peneiras, pescamos camarão no rio", diz Marcelo, uma das lideranças da Acigua (Associação Comunitária Indígena Guarani).

Tanto Marcelo quanto Valmir, contudo, enfrentam um desafio comum: a crescente escassez de matéria-prima. A taquara, essencial para a cestaria, e a caixeta, para a confecção dos bichos talhados, estão se tornando raridades nas proximidades da aldeia, por conta da urbanização crescente. Esse problema faz com que os artesãos tenham que se lançar em expedições até o Saco do Mamanguá, um braço de mar cercado de manguezais, onde esses materiais ainda podem ser encontrados. "A caixeta fica no mangue. Temos que entrar na lama, cortar a madeira e preparar para caber no barco. É um dia inteiro de trabalho", conta Valmir.

As viagens, além de cansativas, são dispendiosas, pois envolvem o pagamento de barqueiros e do combustível para os barcos." No fim, acaba saindo caro só pra buscar o material", lamenta Valmir. Apesar dos desafios, as expedições ao Mamanguá também proporcionam momentos de convivência e reforço dos laços comunitários. "A gente mora perto, mas cada um tem suas vidas. Então, aproveitamos as viagens para rir, conversar", diz Valmir.

A relação dos guaranis com a natureza é profunda e multifacetada. Para eles, o mar e a floresta não são apenas recursos a serem explorados. Na tradição desse povo, o mar representa tanto um obstáculo quanto um destino, visto como um local onde seus antepassados acreditavam que o paraíso poderia ser alcançado. Essa conexão espiritual com o ambiente que os cerca está presente em cada aspecto de suas vidas, desde a escolha dos materiais para o artesanato até a maneira como se organizam em sociedade. Nesse contexto, a praia não é opção de lazer. "Quem mora na mata visita a cidade, quem vive na cidade visita a mata", brinca Valmir. O Mamanguá, com suas águas tranquilas e manguezais, é o grande elo entre a Aldeia Itaxi e o oceano que os cerca, garantindo que o artesanato continue sendo uma ponte entre passado e presente.

PEQUENOS BARCOS, GRANDES HISTÓRIAS

Em uma loja no Centro Histórico de Paraty, uma mulher morena, entre tintas e pinceis, está concentrada, pintando um barco de amarelo e azul. Ela se chama Ana, nasceu na cidade e trabalha no Atelier da Terra, o local de onde os famosos barquinhos dos artesãos do Saco do Mamanguá partem como lembranças nas sacolas dos visitantes.

Curiosamente, embora o nome da loja remeta a terra, tudo nela está ligado ao mar. O espaço é repleto de réplicas de barcos, canoas e outros objetos náuticos, organizados como em um pequeno porto abarrotado. Esse contraste acaba soando como uma fusão entre a terra firme de Paraty, uma cidade porto, e suas águas, refletindo a rica cultura costeira da região. Aos 53 anos, 20 deles como gerente do estabelecimento, Ana Lúcia dos Santos Teresa é uma guardiã de saberes. "Quem nasce em Paraty tem uma conexão forte com o mar e os barcos. Para nós, caiçaras, são parte da nossa identidade", diz ela, enfatizando o vínculo ancestral dos moradores com o oceano e a importância desses artefatos para a cultura local.

O Saco do Mamanguá, conhecido como o "fiorde tropical" de Paraty, é uma região de beleza única na baía, aonde só se chega de barco. Suas águas verde esmeralda e a densa Mata Atlântica abrigam uma comunidade caiçara que, além de trabalhar com a pesca e o turismo, dedica-se à produção de artesanato. O nome Mamanguá tem origem tupi e significa "lugar de comer" ou "lugar de almoço", refletindo a abundância natural da região, rica em peixes, camarões e outros frutos do mar.

Na Vila Cruzeiro, uma das praias da comunidade, as casas incrustadas no morro, com vista panorâmica para o mar, abrigam algumas famílias de artesãos que transformam a madeira da caixeta em miniaturas de traineiras, canoas e remos de diversos tamanhos. Inicialmente criados como brinquedos para crianças, os barquinhos evoluíram para uma fonte de renda importante, quando despertaram a atenção dos turistas e começaram a ser comercializados na cidade.

Ana explica que os artesãos do Mamanguá fazem um uso sustentável da árvore de caixeta, uma madeira leve e maleável, ideal para a confecção dos barquinhos. A madeira é extraída de maneira cuidadosa para não prejudicar o ecossistema local. "Eles têm permissão para retirar a madeira do caixetal, mas nunca cortam a raiz, para que a árvore brote de novo", diz ela. A produção, totalmente feita a mão, envolve uma série de etapas, desde a coleta da matéria-prima nas áreas de mangue até o trabalho artesanal de escultura e acabamento. "Eles usam uma faquinha simples, vão escavando e moldando a madeira até formarem o barquinho", explica Ana sobre o minucioso processo que transforma a caixeta em peças únicas. "Os modelos são iguais, mas cada artesão tem seu estilo, o que torna cada barquinho diferente."

No entanto, a vida de um artesão à beira-mar não é fácil. A coleta da caixeta exige longas caminhadas pelo mangue, muitas vezes por terrenos lamacentos que dificultam a locomoção – é preciso usar botas especiais para evitar ferimentos. Além disso, o tempo dedicado ao artesanato precisa ser dividido com outras atividades, tornando tudo ainda mais desafiador. Segundo Ana, "quando o mar não está para peixe, o artesanato é que sustenta essas famílias".

O Atelier da Terra tem um papel fundamental na divulgação e preservação dessa tradição. Os barquinhos chegam ali muitas vezes crus, sem pintura, e os clientes podem optar por levá-los assim ou coloridos pela equipe da loja. "No começo, eu não tinha muita habilidade, mas hoje faço isso brincando, pintar virou uma terapia", diz Ana. As traineiras de pesca são os modelos mais procurados, além das canoas típicas, enquanto a canoa canadense, um modelo diferente, que eles costumavam reproduzir, quase desapareceu com a pausa de um dos mestres artesãos.

A loja não apenas vende peças, mas também divulga a história por trás de cada uma, assegurando que os artesãos sejam reconhecidos. "Fazemos questão de contar de onde vêm as esculturas, para que o nome deles seja valorizado", diz Ana. Ela explica que um dos propósitos do negócio é valorizar esses mestres, pois com o tempo o número de pessoas que se dedicam exclusivamente ao ofício diminuiu. Hoje, apenas quatro artesãos da Vila Cruzeiro mantêm a tradição de esculpir os barcos com regularidade.

Com sua paisagem idílica e sua comunidade de pescadores-artesãos, o Mamanguá enfrenta desafios contínuos. A ausência de energia elétrica em boa parte da região e as limitações de acesso tornam o trabalho árduo, mas, ao mesmo tempo, ajudam a preservar o modo de vida tradicional. Na vila caiçara, o ritmo cotidiano segue o compasso das marés, e cada barquinho que sai das mãos de um artesão carrega um pouco dessa tranquilidade. Embora muitos deles precisem dividir seu tempo com outras atividades, o artesanato continua sendo um símbolo da potência cultural caiçara.

No Atelier da Terra, as miniaturas das embarcações são mais do que suvenires. Elas representam uma herança cultural que conecta a terra e o mar, o sustento de muitas famílias e uma tradição que continua viva graças à resiliência desses artesãos. "O desafio é manter os mestres trabalhando e reconhecidos pela sua arte, para que o seu legado não desapareça", diz Ana.

Com a força do mar e das vendas do Atelier da Terra, os barquinhos do Mamanguá continuam navegando, preservando uma história que transcende gerações. E, por mais que partam das mãos de artesãos escondidos entre praias e mangues, encontram um porto seguro no coração do Centro Histórico de Paraty, onde Ana segue sua missão de contar essa história.

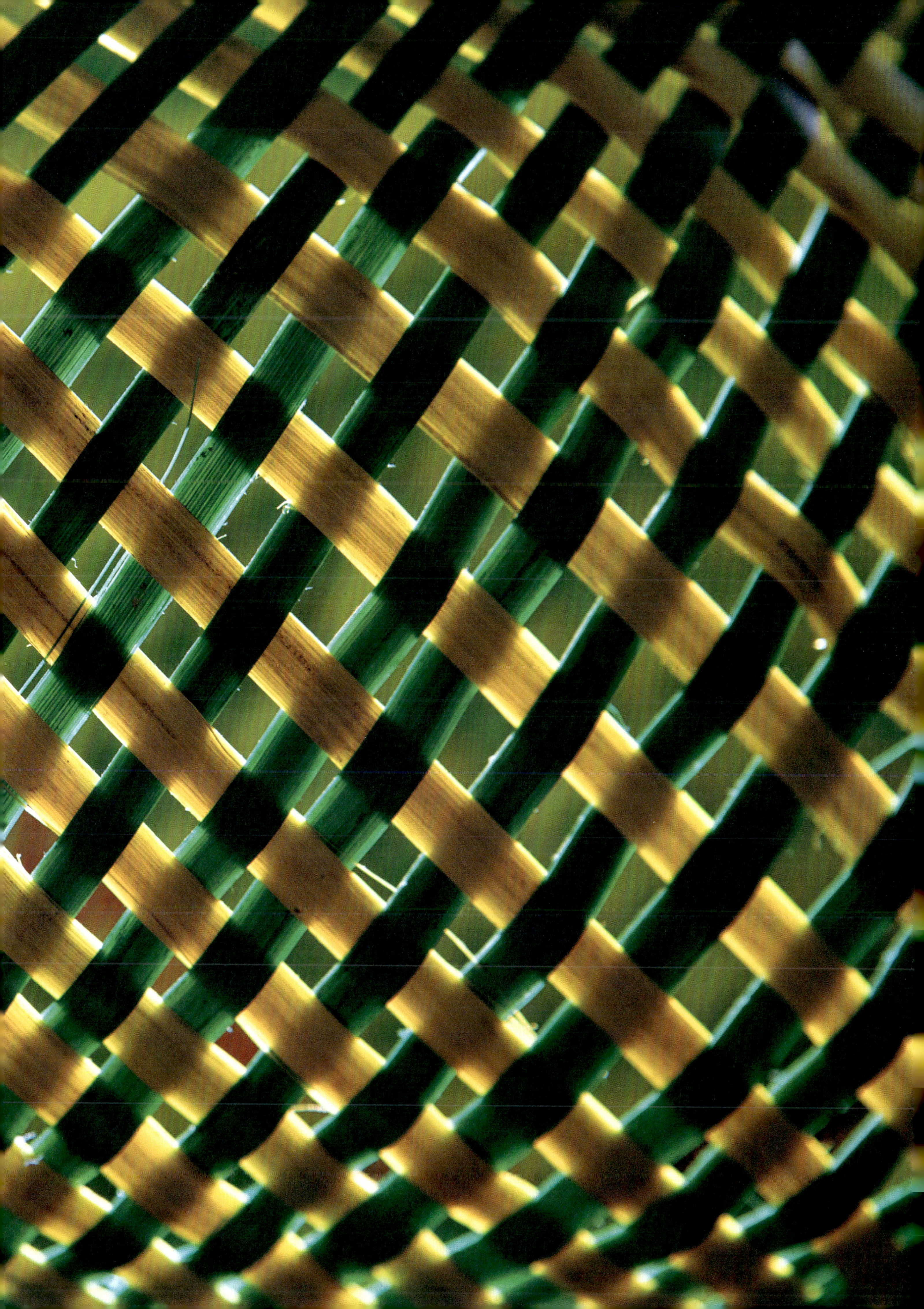

Acima e na página à esquerda [Above and page to the left]
Paulo Soares Benites

p. 53
Elizete Jaxuca Rete da Silva

p. 64-67
Valmir Miri Macena Lima

p. 68-69, 72, 73
Marcelo Karai Mirim

p. 70
Marinez da Silva (Kerexu Mirim)

p. 76-77, 83
Ana Lucia dos Santos Teresa

CASCA ESCUNA
80
80
80.
stone

CANTAMOS

JÚLIO CÉSAR MENDES

Júlio César Mendes, mais conhecido como Julinho Mendes, legítimo caiçara, é professor escolar em Ubatuba e técnico em agrimensura. Lançando-se à missão de resgatar e valorizar a cultura contemporânea caiçara, Julinho escreve músicas sobre o cotidiano, os conhecimentos e as tradições dessas comunidades que vêm se tornando raras nas cidades do Litoral Norte do estado de São Paulo. Assina mais de 150 músicas que cantam o universo caiçara; sua poética fala do mar, dos peixes, do pescador, da culinária, da religiosidade, da roça, do lendário local e muito mais.

Criou o grupo musical Cantamar, composto por músicos e artistas ubatubenses, de famílias tradicionais, profundamente relacionados às tradições e aos festejos caiçaras.

Voz e violão ficam por conta de Julinho, Claudia Gil responde pelo teclado, acordeão, flauta e voz; Cidinha Gil, Maria Luíza Gil e Helena Sanches contribuem com vozes e sons; Ângelo Zuim toca o violão de 12 cordas e Tarcísio Martins leva a percussão.O grupo se apresenta em festas tradicionais em Ubatuba, Caraguatatuba, São Sebastião, São Luiz do Paraitinga, Taubaté e Paraty.

O compositor também se dedicou a resgatar a antiga e tradicional folia de reis, ainda presente na região. Recorda com carinho a espera pela passagem da folia pelas ruas quando era criança. Com seus instrumentos musicais e cantorias, os caiçaras apresentavam-se de casa em casa, sempre no mês de dezembro, evocando a peregrinação dos reis magos para o encontro com o Menino Jesus. A ação resultou num espetáculo musical e num CD intitulados "Nos passos dos reis magos". Além do repertório, o álbum ensina como fazer e desenvolver uma folia de reis.

Outra história de resgate é a do boi-bumbá em Ubatuba. Criado e desenvolvido por Julinho Mendes, o Boi de Conchas conta a história dos tropeiros da região Luizense que traziam animais para serem abatidos num matadouro na cidade. Um dos bois fugiu da tropa e foi viver no mar, aparecendo mais tarde, cheio de conchas pelo dorso, sempre que ouvia alguém tocar e cantar à beira-mar.

CANOA

Julinho Mendes

Ubatuba, 21/10/2017

Canoa me leva canoa,
Pro mundo das águas do mar,
Dos peixes, dos ventos, dos versos
Dos cantos, encantos.
Dos peixes que seguem correntes,
Dos ventos que passam em
tangente,
Dos versos que saem do infinito
Da mente da gente.
Então eu canto, uma canção

Que fiz pra ela...

Canoa minha canoa,
Semente da mãe que caiu,
Na terra em broto surgiu,
Raiz que aprofunda.
E cresce ao céu,
O tronco em prumo,
O sol avistar.
Vem uma brisa do mar,
E lhe faz sonhar,
O mar navegar.
E um machado afiado,
Em golpes falece,
A deitando ao chão.

Machado retalha sem dó,
Cavando afunda a enxó,
A arte transforma a árvore
Em vida pro mar.
Canoa...
Sua vida no mundo do mar
Nossas vidas a se entrelaçar
Na rede dos peixes
Na dança dos remos
No rastro da lua
E no sol a brilhar.

Canoá Canoá Canoa
No mar... navegar.

ERA REI E NÃO SABIA

Julinho Mendes

Ubatuba, 30/08/2007

Seu castelo era de taipa
Erguido em chão de areia
Com portal que se abria
Para o mar que ali vivia
De ouro era o céu
Quando acordava o dia
De prata era o mar
Quando despontava a lua
Liberdade sem fronteira
De riquezas infinitas
Tudo aquilo era seu
Era rei e não sabia
Um dia chegou o progresso
Batendo em seu portão
Vestia terno e gravata
Querendo aquele seu chão
Assim como seus irmãos
Vendeu!
Pura ilusão
Deixou seu paraíso
Foi viver sem emoção
Ficou triste e sucumbido
Morreu de desilusão
Caiçara seja forte
Não entregue o seu chão
Lá está sua raiz, cultura e tradição
Vida de seu pai e irmão
Toda sua geração.

O AZUL MARINHO EU FAÇO ASSIM

Julinho Mendes

Ubatuba, 14/09/09

Se você quer aprender como se faz o azul marinho, pegue a panela de ferro, põe lenha pra acender; no fogão de tacuruba é mais fácil de fazer. Garoupa cortada em postas, também serve piragica ou sororoca (só para rimar), mas uma cavala, anchova, tainha gorda, não se deve desprezar. Passe sal, pelo menos uma hora antes. Deixe a betrecha pra mim, que eu vou comer no fim e depois vou puxar uma tarimba.

Vamos aos ingredientes: salsinha, coentro miúdo, tomate e pimenta-de-cheiro. Farinha caiçara e banana verde (São Tomé, nanica e se tiver a grumixé, melhor ainda). Três dentes de alho, cebola, sal e óleo e também o limão, com certeza o caldo vai ficar azul. Oba!

Agora veja o modo de fazer: doure a cebola e o alho, refogue o tomate cortado, coloque na água fervendo a banana pra amaciar, tampe a panela pra abafar, me traga uma pinha e vamos esperar. Vai prestando atenção!

Depois que a banana estiver amolecida, junte o peixe, o coentro, o cheiro e prepare o pirão; jogue o caldo na farinha, põe pimenta pra arder, esprema bastante limão e coma o azul marinho com satisfação. Oba! Outra pinga, por favor. Com moderação! Bom apetite!

Vale aqui lembrar a lenda: "Se uma mulher engravidar após ter apreciado o azul marinho, com certeza o filho terá olhos azuis".

Do caiçarês:
Tacuruba: fogão a lenha feito com três pedras soltas onde se assenta a panela. Betrecha: guelra, gorgomilo e barrigada de peixe. Tarimba: estrado de madeira, cama de dormir do caiçara antigo. Grumixé: espécie de banana.

ARTE E CIÊNCIA OCEÂNICA

FABIANE M. BORGES

ZONA DE FRONTEIRA

Arte-ciência-tecnologia se configura como uma categoria da arte contemporânea, cuja atuação abarca as áreas digital, científica, tecnológica e mecatrônica. No Brasil, um dos eventos mais conhecidos na área desde o início do século é o Festival Internacional de Linguagem Eletrônica (File). Utilizando-se somente o binômio arte-ciência, pretende-se criar um campo de referência específico entre pesquisa estética e científica, nas suas diversas especialidades. Para expressar-se, essa categoria precisa constituir esferas de experimentação laboratorial, traduzir jargões de um campo para o outro, aderir a novos suportes (instalações multimídia, arte digital, realidade virtual, arte de dados, arte sonora, *net art*, etc.), e por vezes, inventar uma linguagem própria, como entre arte e neurociência.[1] Muitos praticantes são especializados em disciplinas de ambos os domínios, o que facilita sua integração, mas nem sempre esse é o caso, sendo necessário, na maioria das vezes, que se produzam ambientes interdisciplinares entre artistas, designers, cientistas e técnicos, para que haja de fato uma transversalidade e as obras não se concentrem em um único indivíduo. "Arte e ciência" é um mecanismo de produção de conhecimento interdisciplinar que amplia as ferramentas tradicionais de pesquisa, tanto no campo da arte quanto da ciência ou da tecnologia.[2] Sua manufatura é impulsionada pela investigação empírica, análise de dados e desenvolvimento de novos instrumentos, como a construção de satélites com missão artística afrofuturista, por exemplo.[3] A cena inova principalmente nas formas de utilização e exibição desses conteúdos híbridos, agregando a estes valores simbólicos, sígnicos e subjetivos, expandindo, dessa forma, suas ferramentas operacionais e comunicativas.

Questões relacionadas ao engajamento emocional, à mudança de comportamento, à tomada de atitudes e aos novos imaginários têm se tornado demandas cada vez mais frequentes no campo da arte e ciência, que responde a isso investindo no agenciamento interdisciplinar, integrando disciplinas, diferentes saberes e implicando-se na busca por soluções criativas para os desafios planetários que nos cercam.[4] Alguns programas são referenciais nesse campo, como The Anthropocene Project (2022), Ars Electronica (2022), TBA 21 (Thyssen-Bornemisza Art Contemporary) e o Institute for Postnatural Studies (2020), entre outros. Percebe-se nesses cruzamentos elencados reflexões acerca dos complexos sistemas de produção geopolíticos e seus efeitos locais. Por meio da concatenação de arsenais técnicos e poéticos, a arte tem colaborado com a ciência para gerar os novos signos do contemporâneo.

ARTE E CIÊNCIA OCEÂNICA

Nos dias atuais, o oceano, fonte de vida e regulador climático, enfrenta modificações profundas, que afetam a sobrevivência de milhares de espécies e ambientes. O mar absorve a maior parte do calor gerado pelo aquecimento global, função crucial que está perdendo o seu vigor principalmente por causa dos devastadores modos de produção (e desenvolvimento) industriais. Estes provocam eventos como acidificação, estratificação e desoxigenação da água, o que gera, por sua vez, mudanças nos modos de operacionalização do sistema marítimo, potencializando o surgimento de anomalias e de zonas mortas.[5] A formação de ilhas artificiais de plástico e a impregnação de microplástico e nanoplástico na água oceânica são exemplos dessas calamidades.[6] São danos que tendem a se agravar com a expansão desenfreada do extrativismo rumo ao solo marinho em busca de minérios.[7] É uma conduta que tem consequências previsíveis e assustadoras, como destacam os mais importantes relatórios mundiais sobre mudanças do clima, os quais nos alertam sobre os eventos extremos, impactos na biodiversidade, agravação da desigualdade social, elevação do nível do mar, entre outros.[8]

Alexandre Rangel
2023
Sopa primordial
Década do Oceano
I Mostra Nacional de
Criptoarte
CCBB Rio de Janeiro &
São Paulo
Metaverse Agency

p. 90-91
Suzette Venturelli, Artur
Cabral Reis, Francisco de
Paula Barretto, Jackson
Cardoso Leite, Maria Luiza
Fragoso, Maria Isabel
Lisita de Medeiros e [and]
Milton Sogabe
2023
Cyber Marinum
Nano/Eba/UFRJ
Metaverse Agency / Foto
[Photo]: Renato Mangolin

Karla Brunet
2023
Geografias do mar #
Ilhas
Vivo arte.mov – Festival
Internacional de Arte
em Mídias Móveis, Belo
Horizonte

Políticas concentradas como a Década da Ciência Oceânica para a Sustentabilidade do Oceano (2021-2030), também conhecida como Década do Oceano, instituída pela Unesco, reconhecem que é preciso mais do que dados científicos para salvar os mares; é necessário gerar movimentos que toquem a consciência humana e mudem comportamentos.[9] Assim, a arte se torna uma aliada fundamental, traduzindo a fria lógica dos números científicos em narrativas poéticas poderosas, que podem incitar o desenvolvimento emocional, produzir novas estéticas do futuro, promover valores éticos e morais e, ainda, colaborar para o surgimento de uma nova subjetividade, mais ecológica e mais oceânica.

A Década do Oceano tem inspirado muitas ações de arte e ciência no mundo inteiro. Na cena internacional, vem crescendo o número de institutos oceanográficos interessados em explorar as multidimensionalidades entre arte e ciência, a exemplo do projeto EMBracing the Ocean, um programa de residências artísticas promovido pelo European Marine Board (EMB), situado em Oostende, na Bélgica, um dos principais *think tanks* europeus em políticas de ciências marinhas. O Helmholtz Institute for Functional Marine Biodiversity (University of Oldenburg) e o Hanse-Wissenschaftskolleg – Institute for Advanced Study criaram juntos o programa de residência artística "ArtWaves", que pretende operar ao longo de toda a Década do Oceano, principalmente no que se refere à transferência de conhecimentos e à geração de soluções e aplicações criativas na política legislativa. A série de eventos intitulada "Oceanic Art and Science: Navigating the Pacific" fruto da parceria entre o Institute of Arts and Humanities, Geisel Library e o Scripps Institute of Oceanografy da University of California, San Diego, cruza histórias do oceano extraídas de arquivos antigos e recentes e visualização de dados com a construção de novas narrativas acerca do futuro da relação humano-oceano, trazendo para o grande público ideias e imagens mobilizadoras.

No Brasil, o Laboratório de Arte e Ciência Oceânica (Laco) se configura como um programa emblemático: é o primeiro laboratório de arte e ciência criado no seio de um instituto oceanográfico, o Iousp. Localizado em Ubatuba (SP), o Laco faz parte da programação da Década do Oceano por meio da Cátedra Unesco para a Sustentabilidade do Oceano, que é coordenada pelo Instituto de Estudos Avançados e o Instituto Oceanográfico (Iousp), ambos da Universidade de São Paulo. O Iousp conta com diversos núcleos de pesquisa marítima, além de laboratórios, equipamentos, instrumentos de meteorologia, sensoriamento remoto, embarcações, entre outros. O Laco promove acesso a esses núcleos e dispositivos por chamadas abertas para diversas ações que incluem exposições, publicações, *workshops*, *podcasts* e residências imersivas, com foco em projetos interdisciplinares, conectando conhecimentos situados e diversidade econômica, de gênero e de raça. O Laco prioriza aspectos relacionados à saúde mental e à mitigação e adaptação climática, investindo na formação de grupos operativos atentos principalmente aos aspectos imaginários e subjetivos em relação à construção de alternativas de futuro. Criado pela autora deste texto, que é psicóloga e pesquisadora de arte e ciência oceânica do Iousp, e por Alexander Turra, coordenador da Cátedra Unesco e professor da mesma instituição, o Laco lançou em 2024 suas primeiras chamadas abertas, inaugurando a Galeria Laco,[10] em um dos maiores eventos de cultura oceânica do Brasil, o São Paulo Ocean Week/2024 (SPOW), coordenado pela Cátedra Unesco e instituições parcerias. O SPOW tem função de promover a difusão de conhecimentos marítimos, criar acesso e engajamento social, facilitar processos interinstitucionais, influenciar nas políticas públicas e incentivar o desenvolvimento de projetos pró-oceano. Nesse sentido, o Laco é um operador do SPOW, na medida em que articula o engajamento da arte nas causas oceânicas, colaborando para a produção de uma nova estética e uma nova subjetividade oceânica.

A exposição de arte contou com cerca de 300 inscritos e 150 obras exibidas em diversos meios de expressão como bordado (Liliane Coelho, série "Trans-bordar"), tecelagem (Isa do Rosário, *Primares*), escultura (Ricardo Barrieu, *Dolphin*), pintura (Mi Araújo/Casa de Cora, *Jubarte*), instalação (Renata Amaral, *Refugiados*), grafite (Waldir Age, *Ação visual*), videoarte (Veridiana Zurita, *IA_AI_AU_AU*), arte digital (Pablo Gobira & Emanuelle Silva – LabFront – série "Cardumes"), arte-ciência-tecnologia (Dr. Los Reis e Fabiane M. Borges, *Tecnosfera, ainda pulsa*), entre muitas outras.

Karla Brunet
2021
Ela e o continente gelado. Ensaio [Essay]

Também associada à arte-ciência-tecnologia e à Década do Oceano, a I Mostra Nacional de Criptoarte foi sediada no Centro Cultural Banco do Brasil do Rio de Janeiro, em novembro de 2023, e de São Paulo, em março de 2024.[11] A mostra aproximou núcleos acadêmicos, artistas independentes e indústria do entretenimento. Foi idealizada por Byron Mendes, fundador da Metaverse Agency, primeira agência de criptoarte do Brasil, e contou com a curadoria de Marcio Harum, que selecionou 28 obras expostas entre Rio de Janeiro e São Paulo.[12] Anaisa Franco, com *Circulatory System II*, Biarritzzz, com *Não quero deixar mais vestígios* (maletas de óleo); Eduardo Kac, com *Lagoogleglyph I*; Giselle Beiguelman, com *Distrópica #1*; Lucas Bambozzi, com *Mar é onda*; Marlus, com *Maré de luz: um passeio bioluminescente*; Simone Michelin, com *Tiam(a)tu*; e Vitória Cribb, com *://Are you observing or being observed?* marcaram presença. Essa exposição travou várias relações de fronteira, associando o tema da sobrevivência dos litorais marítimos do Brasil às demandas da Década do Oceano, fundindo pesquisa científica com arte digital, arte tecnologia, metaverso, realidade virtual, criptoarte e circulação econômica pelo arquivo digital *blockchain* e pelo selo NFT, consolidando, segundo Byron Mendes, um ambiente para conhecimento, ensino e troca de experiências.[13]

Entre as obras expostas no evento, destaca-se *Cyber Marinum*. Assinada por Suzete Venturelli (Medialab/UNB), a obra contou com a parceria de Artur Cabral Reis (Medialab/UNB), Francisco de Paula Barretto (Icon Lab/UFBA) e Milton Terumitsu Sogabe (CAT/Unesp) com apoio de Maria Luísa Fragoso, Jackson Cardoso Leite e Maria Isabel Lisita de Medeiros (Nano/EBA/UFRJ), CNPq, Instituto de Pesquisa Anima e Universidade Anhembi Morumbi. Todos cooperaram na alimentação e no cuidado de um tanque de vidro cheio de água e de plantas marinhas, simulando um ambiente natural. A fotossíntese dessas plantas se deu a partir de projeções geradas por *data art*, que transformavam a intensidade da luz e o padrão de cores do ambiente, de acordo com a detecção e conversão de sinais realizada por sensores espertos (*smart sensors*), conforme o movimento do público em torno do tanque. O trabalho foi composto com a participação de pesquisadores renomados da arte-ciência-tecnologia do Brasil e seu caráter colaborativo e interativo demonstra como é possível a colaboração interinstitucional e quão valoroso é o processo coletivo. A obra também suscita questões relativas à autoria de obras colaborativas, pois a ciência e a arte têm formas um tanto diferentes de valorizar a questão, sendo a primeira mais propensa à co-criação, desde que devidamente hierarquizada, e a segunda mais individualizada e representativa. Seja como for, a colaboração agregou valor ao "Cyber Marinum", exatamente porque o assunto do mar é urgente e coletivo.

Os trabalhos de pesquisa e expositivos realizados no Ecoarte, ligado ao Instituto de Humanidades, Artes e Ciências da Universidade Federal da Bahia (IHAC/UFBA), coordenado pela artista e pesquisadora Karla Brunet, também são uma referência fundamental para a arte e ciência oceânica no Brasil. Embora o núcleo de pesquisa não tenha sido constituído na esteira da Década do Oceano, ele demonstra estar em consonância com os temas da cultura oceânica, que buscam transformar a relação da sociedade com o oceano, por meio de engajamento intelectual e afetivo.

Em 2010, o Ecoarte realizou seu primeiro trabalho de pesquisa: "Geografias do mar", uma cartografia do mar elaborada com uso de tecnologias digitais, cujo método de investigação se baseou em quatro eixos principais: dados físicos do mar; entrevistas com trabalhadores do mar; investigação sobre as divindades do mar; e observação das estéticas criadas pelo movimento do próprio mar, na superfície ou subaquaticamente.[14] A cartografia gerou uma obra interativa baseada em um mapa artístico projetado no chão. Conforme o público se movimentava pelo mapa, acionavam-se diferentes informações multimídias projetadas nas três paredes do local. As partes dessa série foram denominadas *Geografias do mar #Limítrofe*; *Geografias do mar #Ilhas*; *Geografias do mar #Travessia*; e *Geografias do mar #Iemanjá*. Em 2018, Karla Brunet integrou a equipe do projeto Mephysto/Proantar-Nordeste, que venceu o edital Proantar do CNPQ. Ela participou da 38ª. Operação Antártica (Operantar) a bordo do navio polar *Almirante Maximiano*, trabalhando no setor de divulgação científica do projeto, documentando as atividades científicas, a vida a bordo e também produzindo materiais

Alexis Anastasiou
2017
It's Cold out There
Antarctic Biennale

Alexis Anastasiou
2017
It's Cold out There
Antarctic Biennale

artísticos. Em decorrência dessa viagem, Brunet elaborou uma série de narrativas audiovisuais, tencionando os campos da arte e ciência como a performance de cinema ao vivo intitulada "Ela e o Continente Gelado", no Museu de Arte Moderna da Bahia (MAM) e no Museu do Mar Aleixo Belov, em 2024; e a performance audiovisual *artech* "Antarctica Tempo" na cidade de Aveiro, Portugal, em 2021; entre outras. Sua grande contribuição para o Proantar-Nordeste, no entanto, parece serem as estratégias criativas que a arte pode promover dentro do campo da divulgação científica – o setor que mais coloca demandas para o campo da arte.[15]

Em 2017, houve a Primeira Bienal de Arte da Antártica, com a participação dos artistas brasileiros Juliana Cerqueira Leite e Alexis Anastasiou.[16] Concebida pelo artista e navegador Alexander Ponomarev com curadoria de Nadim Samman, a Bienal teve apoio da Unesco e consistiu em criar a primeira missão intercultural da Antártica, envolvendo cerca de 100 pessoas entre organizadores, tripulantes e artistas, entre os quais arquitetos, pesquisadores, visionários e filósofos, que fizeram intervenções, trabalhos de arte, ciência e tecnologia, performances, leituras poéticas e filosóficas e criaram e exibiram filmes e instalações, entre outros.[17] *Vestibule*, de Juliana Cerqueira, consistiu em um *site-specific* dentro do navio com cadeiras suspensas que acompanhavam o movimento da embarcação. As cadeiras foram posicionadas em frente a uma projeção de larga escala que recebeu imagens ao vivo da proa desde Ushuaia até a Península Antártica.[18] Alexis Anastasiou produziu a obra *It's Cold out There*, que fez projeções em grandes dimensões nos *icebergs* com pinturas rupestres, frases críticas e imagens de animais ameaçados de extinção, evidenciando o distanciamento entre humano e natural. As obras foram expostas num pavilhão não oficial da 57ª. Bienal de Veneza e, segundo a produtora cultural Emily McDermott, gerou controvérsias entre artistas, curadores e organizadores.[19] Questionou-se a viagem dos artistas à Antártica, que alguns consideraram "inútil"; no entanto, pensamos a arte e a cultura como essenciais em qualquer nível de pesquisa ou de expansão humana, pois seu caráter crítico e propositivo alavanca questões não comumente reconhecidas. Além disso, "utilidade", "progresso" e "desenvolvimento" têm consumido o mundo. Precisamos de mais poesia!

PARA TERMINAR...

A arte vem retratando o mar ao longo de toda a história da humanidade, criando para ele símbolos cultivados por tempos imemoriais, como o oceano monstruoso, abissal e habitado por entidades metafísicas. Hoje em dia, junto com a ciência, a arte consegue mergulhar com mais facilidade nos segredos do mar e revelar a poética das suas comunidades, dos seus ecossistemas e sua interação com a humanidade.

É relevante ressaltar que "arte e ciência oceânica" é um campo emergente, e, como tal, precisa promover novas alianças, inventar novas linguagens e assimilar diferentes perspectivas culturais (interseccionalidade étnica, econômica e de gênero). Só assim pode cumprir seu papel de expressar a complexidade do mundo atual. Esperamos que a "arte e ciência oceânica" consiga, de fato, aproveitar os dados como plataforma e saltar para as profundezas do inconsciente coletivo marítimo, onde habitam segredos da nossa própria ancestralidade e do nosso futuro, e ali forjar um destino mais possível (e simbiótico) para todos os habitantes de Gaia.

Marlus Araújo
Maré de luz
2023
Abaixo [Below]: Arte conceitual da instalação criada com assistência da IA Midjourney [Conceptual art of the installation created with the assistance of the AI Midjourney]

QRCode à direita [to the right]: Vídeo da instalação por [Video of the installation by] Victor Granja]
Década do Oceano
I Mostra Nacional de Criptoarte
CCBB Rio de Janeiro

p. 102-103
Simone Michelin
2023
Tiam(A)tu
Videoinstalação, 6 canais de vídeo, 26 min [Video installation, 6 video channels, 26 min]
Década do Oceano
I Mostra Nacional de Criptoarte. CCBB Rio de Janeiro & São Paulo
Foto [Photo]: Renato Mangolin

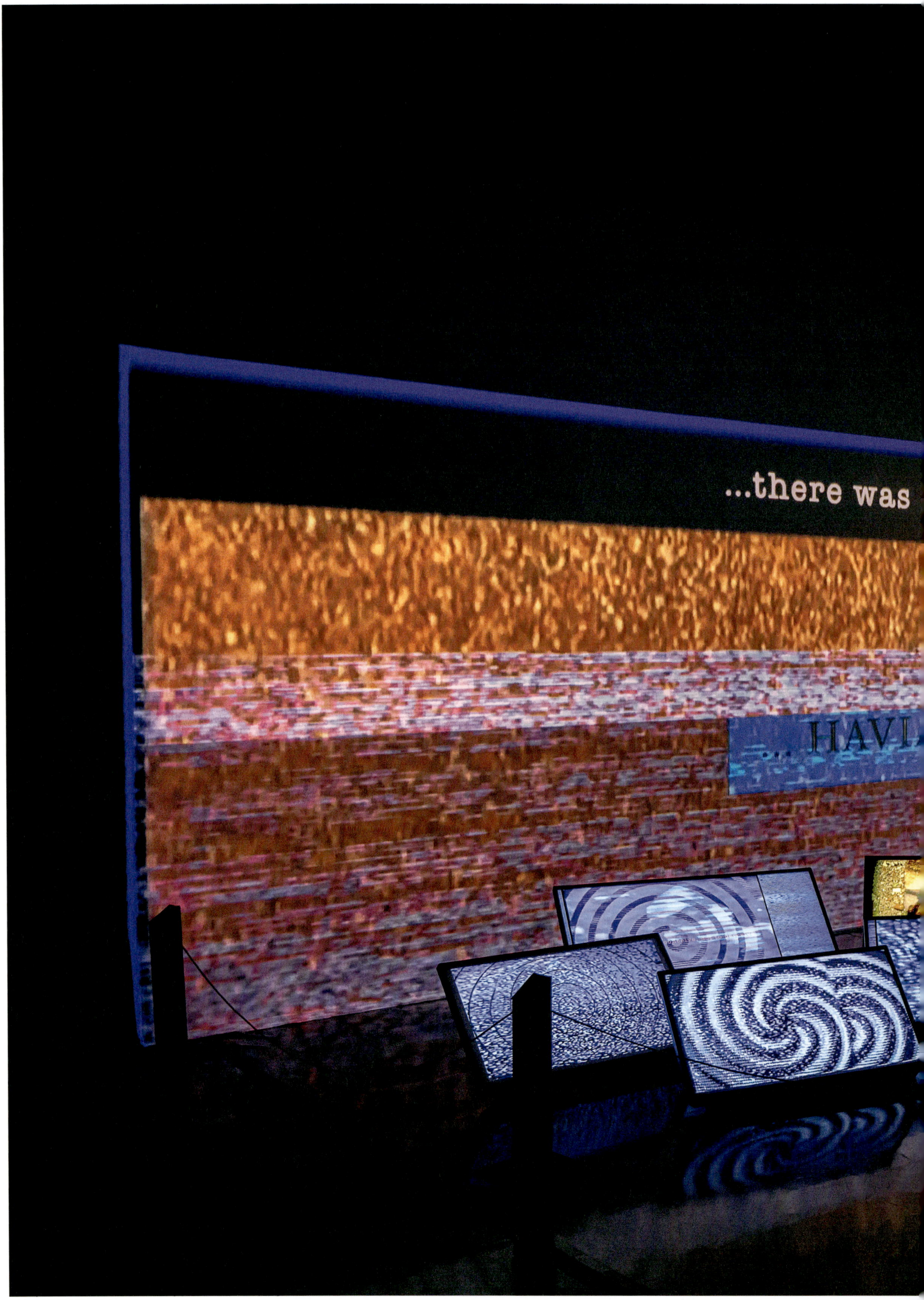
...there was
HAVI

er
NAS ÁGUA...
STOP

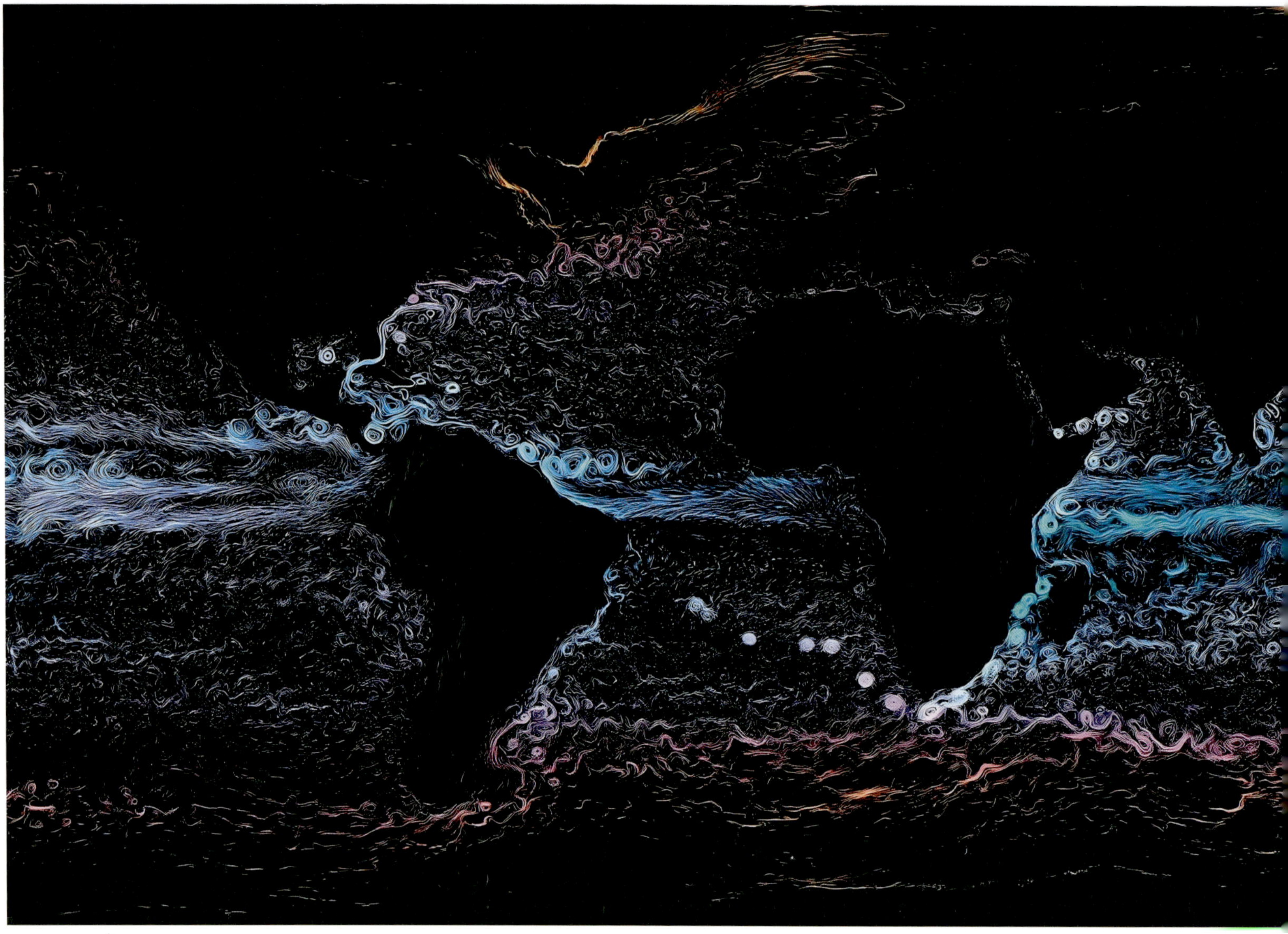

Anaisa Franco
2023
Circulatory System II
Composição sonora de Luis Franco [Sound composition by Luis Franco
I Mostra de Criptoarte no CCBB Rio de Janeiro & São Paulo

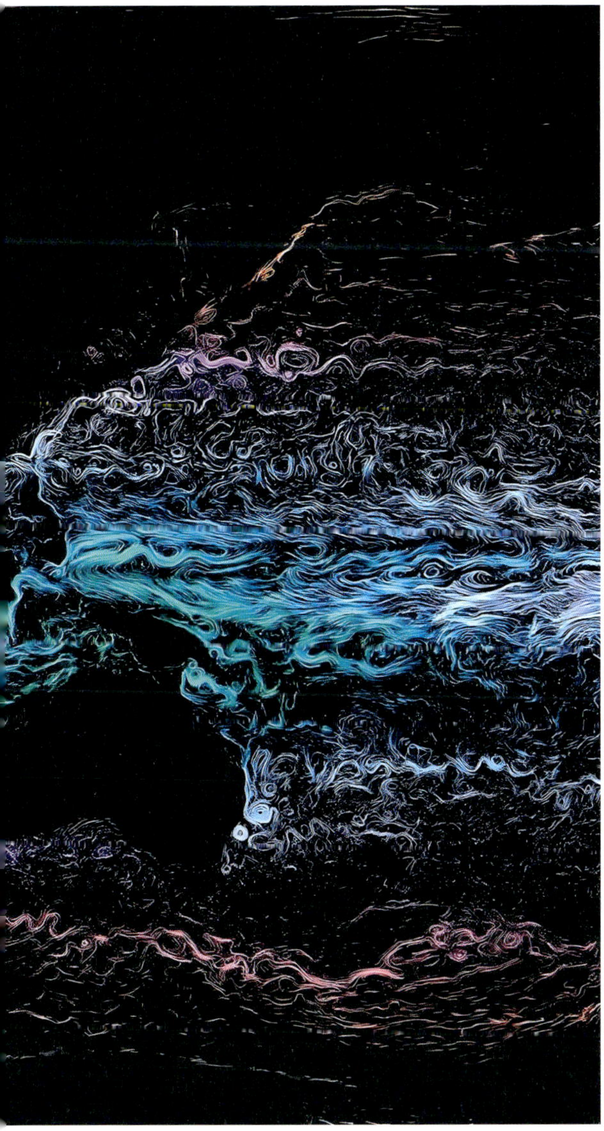

1. Santos, N.C. et al. 2020. Transdisciplinaridade | arte, ciência e neurociência: curadoria e expografia. Disponível em https://www.ufsm.br/laboratorios/labart/transdisciplinaridade-arte-ciencia-e-neurociencia.
2. Malina, R. 2016. Art-Science: An Annotated Bibliography. *Art Journal*, 75(3).
3. Orisat, de Karina Karim. Entrevista de Maria Clara Parente com Karina Karim, 2021. Ancient Youruba Knowledge can be used as a Pathway to Food Sovereignty. Emerge. Disponível em: https://www.whatisemerging.com/profiles/karina-karim-3f52e33f-df11-4998-89817148079-d13c3.
4. O'Neill, S.J.; Boykoff, M.; Niemeyer, S.; Day, S.A. 2013. On the use of imagery for climate change engagement. *Global Environmental Change*, 23(2):413–421. DOI: 10.1016/j.gloenvcha.2012.11.006.
5. Santoro, F. et al. 2017. *Ocean Literacy for All – A Toolkit.* Paris: IOC/Unesco & Unesco Venice Office. IOC Manual and Guides, 80 revised in 2018. Disponível em https://unesdoc.unesco.org/ark:/48223/pf0000260721.
6. Alencar, M.V. et al. 2023. Advancing plastic pollution hotspotting at the subnational level: Brazil as a case study in the Global South. *Marine Pollution Bulletin*, 194(B). Disponível em https://doi.org/10.1016/j.marpolbul.2023.115382.
7. Turra, Al. 2020. Mineração submarina com Alexander Turra. Mar sem Fim. Podcast Brasil. Jornal Estadão, 2020. Disponível em: https://marsemfim.com.br/mineracao-submarina-com-alexander-turra/#google_vignette.
8. IPCC. 2023. Sections. In: Lee, H.; Romero, J. (eds.). *Climate Change 2023: Synthesis Report. Contribution of Working Groups I, II and III to the Sixth Assessment Report of the Intergovernmental Panel on Climate Change.* Genebra: IPCC, pp. 35-115. DOI: 10.59327/IPCC/AR6-9789291691647.
9. Santoro, 2017. Op. cit., p. 62.
10. Ver https://lacoiousp.wordpress.com/laco-gallary/.
11. Até a redação deste texto, a exposição foi apresentada somente nessas duas capitais.
12. Nem todas as obras estavam nas duas cidades.
13. Byron Mendes e Metaversidade PPGMC/UFRJ. Youtube: https://www.youtube.com/watch?v=kSszsVyXRKQ&t=88s.
14. Karla Brunet. Disponível em https://vimeo.com/karlabrunet; https://karlabru.net/; https://ecoarte.info/.
15. Ver Proantar Nordeste. Projeto Mefisto na Antártica. Disponível em: https://proantarnordeste.net/.
16. Camarote.21. Especial Bienal Antártica. Disponível em: https://www.youtube.com/watch?v=8r2uxxMLpjE.
17. Antarctic Biennale. 2018. Disponível em: https://www.biennialfoundation.org/biennials/antarctic-biennale-antarctica/.
18. Juliana Cerqueira Leite. Vestibule. Antarctic Biennale, 2017. Disponível em https://vimeo.com/212724380 e em https://www.julianacerqueiraleite.com/antarctic-biennale.
19. McDermott, E. 2017. Why Did the Art in Venice's Antarctic Pavilion Shrink? To Make Room for the Curator's Own Work. ArtNet. Disponível em: https://news.artnet.com/art-world/antarctic-pavilion-venice-2017-997916.

Zaika dos Santos
2024
Atlântico negro
Trabalho elaborado especialmente para este livro [Work created especially for this book]

Zaika dos Santos

DO MARISCO AO BARRO

LUIZ EMANUEL MELO . TEXTO
JOSIVAN RODRIGUES . FOTOS

AS QUILOMBOLAS DE SÃO LOURENÇO

A povoação de São Lourenço, uma comunidade remanescente de quilombo, está situada no alto do litoral norte de Pernambuco, cercada pelas praias que margeiam um mar profundo e fecundo. Ali, a pesca é a principal fonte de renda, mas a vida pulsa especialmente nas mãos das mulheres. São elas que cuidam da pesca do marisco e fazem o delicado beneficiamento, retirando a carne da concha com a paciência de quem conhece os segredos do oceano. Tradicionalmente, a comercialização sempre esteve nas mãos dos homens da comunidade, enquanto as cascas dos mariscos eram deixadas de lado, usadas apenas para ladrilhar ruas e calçadas, ou como decoração em muros.

Foi a partir dessa simplicidade que surgiu a ideia de liberar as mulheres desse ciclo econômico dominado pelos homens. A criação do Centro Vocacional Tecnológico, o CVT Marisqueira, erguido em regime de obra-escola com a participação dos jovens da comunidade, trouxe uma nova perspectiva. Materiais como isopor, cascas de marisco e cimento passaram a ser utilizados na construção de paredes, portas e janelas, estabelecendo as bases para uma transformação silenciosa e poderosa.

Um curso de fotografia para crianças, jovens e mulheres, ministrado pelo Laboratório de Design O Imaginário da Universidade Federal de Pernambuco – UFPE, inaugurou essa jornada. A exposição resultante retratou o ritmo da comunidade: os times de futebol, a igreja, as paisagens vibrantes e as pessoas que compõem a identidade daquele lugar. A partir desse ponto, os olhares se voltaram naturalmente para as mulheres e, claro, para as abundantes cascas de mariscos que antes eram subvalorizadas.

Com o foco nas mulheres, novos caminhos surgiram. O papel artesanal, utilizando fragmentos de mariscos para modelagem de objetos, foi uma das primeiras tentativas de dar nova vida às cascas. Técnicas de impressão em papel também foram experimentadas. No entanto, foi a criação de acessórios com as cascas de marisco que consolidou o grupo e deu origem à marca Quilombolas de São Lourenço.

O progresso, entretanto, respeitou a cadência da vida local. Iara, com filhos pequenos ainda em fase de amamentação, seguia seu próprio compasso. Conceição dividia seu tempo entre as obrigações da igreja, e Cecília, sempre alegre e curiosa, aguardava a chegada de suas filhas gêmeas. O cotidiano das artesãs, cheio de nuances e desafios, foi marcado por cursos de desenvolvimento de produtos, empreendedorismo e comunicação. A criação de coleções de moda que incorporavam o trançar das redes de pesca locais reforçou as raízes identitárias da comunidade.

O CVT Marisqueira tornou-se o centro dessa transformação, aprofundando o envolvimento das mulheres e fortalecendo a autonomia do grupo. A caminhada foi árdua, e muitas artesãs enfrentaram desafios. Lenita, hábil e inquieta, aventurou-se em outras relações de trabalho, sendo contratada pela Jeep. Apesar disso, sua essência a trouxe de volta ao artesanato, ainda que seus voos a tenham levado para São Paulo. Mesmo distante, Lenita mantém um vínculo estreito com o grupo, ajudando Cecília nas postagens das redes sociais.

As Quilombolas de São Lourenço encontraram outras maneiras de ampliar suas conquistas. Algumas mulheres trouxeram suas habilidades em crochê e trançado de redes de pesca para a criação de novos produtos, enquanto outras, que não eram diretamente envolvidas na produção artesanal, passaram a auxiliar nas vendas em feiras e exposições. Assim, a marca Quilombolas de São Lourenço ganhou visibilidade e consolidou sua trajetória, levando os frutos de seu trabalho para eventos de grande destaque, como a São Paulo Fashion Week e a Fenearte.

Essa presença em desfiles e feiras foi crucial para consolidar o prestígio da marca nos setores de moda e artesanato. Em 2024, o grupo foi agraciado com o Prêmio Inspira, do Instituto Neoenergia, uma conquista que não só chancelou a qualidade de seu trabalho, mas também ressaltou o impacto social e cultural de sua produção.

A marca Quilombolas de São Lourenço não representa apenas uma fonte de renda; ela é um emblema de resistência, criatividade e transformação comunitária.

No entanto, o caminho para a plena sustentabilidade econômica ainda é longo. "É difícil viver só do artesanato no Brasil. Batalhamos muito, enfrentamos muitas barreiras. Somos vencedoras por tudo que já conquistamos, mas ainda não conseguimos viver só disso", afirma Cecília, com a lucidez de quem sabe que a luta continua.

O trabalho das Quilombolas de São Lourenço é mais do que uma iniciativa de geração de renda. Ele exemplifica a fusão respeitosa entre saberes acadêmicos e populares, criando um diálogo profundo entre tradição e inovação. Seus produtos carregam a história de um povo e a promessa de um futuro mais próspero, não só para as mulheres envolvidas, mas para toda a comunidade. Como descreve Conceição, uma das artesãs: "É a nossa vida." Essa simples declaração encapsula o significado profundo que o artesanato tem para essas mulheres: uma expressão de identidade, força e esperança.[1]

Silvia Cecilia G. da Silva,
Maria da Conceição da Cruz
e [and] Iara Cardoso do
Nascimento (Quilombolas de
S. Lourenço)

O CABO DE SANTO AGOSTINHO

Alguns historiadores defendem que o acidente geográfico conhecido como Cabo de Santo Agostinho foi o primeiro ponto avistado por navegadores no Brasil, especificamente pelo espanhol Vicente Pinzón, antes mesmo de Pedro Álvares Cabral. Embora essa teoria não seja consensual, ela adiciona um fascinante capítulo à narrativa da chegada dos europeus ao Brasil.

O Cabo, contudo, guarda outros tesouros além de um prelúdio não consensual. É uma terra marcada pela tradição agrícola, com a cana-de-açúcar moldando sua paisagem e sua gente ao longo de séculos. Os engenhos, testemunhas silenciosas do passado, ainda pontuam o horizonte, ruínas de um tempo em que o ciclo da cana ditava o ritmo da vida. Mas é nos barrancos e na terra massapê que o Cabo encontra sua expressão mais primitiva e visceral: a cerâmica artesanal.

O barro massapê, de uma qualidade rara e única, deu forma não só a potes e jarras, mas também a um traço cultural profundamente enraizado. Como bem pontuou o ceramista Mestre Uruda, "o barro tem um traço cultural. O barro usado em Caruaru não é o mesmo do Cabo". Cada pedaço de barro é carregado de histórias; ele dita as formas e os gestos dos artesãos, reverbera os modos de fazer que atravessam gerações.

A pesquisadora Flávia Lira, em entrevistas com os oleiros mais velhos, registrou os testemunhos:

os utilitários, como panelas e potes, provêm do Engenho Massangana, onde as peças eram feitas através de modelagem manual (sem a utilização do torno) e conhecidas por cerâmica negra, assim chamada porque teria sido um estilo de produção trazido pelos negros africanos, então escravos.[2]

Abiude, oleiro cuja memória ainda ecoa entre os artesãos, recordava um tempo em que o alguidar, um artefato simples de barro,

era o prato descartável da época, pois os trabalhadores da cana utilizavam para fazer a refeição no canavial e lá mesmo deixavam, pois era muito barato.

Feito para servir refeições no canavial, o prato era abandonado na própria terra que o havia gerado, retornando ao ciclo da natureza, tão módico e comum que a efemeridade fazia parte de sua essência.

A continuidade dessa tradição secular repousa nas mãos de Celestino, ou Mestre Celé, como é conhecido. Filho de oleiro, instalou sua olaria no bairro Mauriti, transformando o barro em vida e sustento. Seu espaço, outrora um mar de fornos e artesãos, com mil metros quadrados de área coberta e o auxílio de 56 oleiros, tornou-se um reduto de resistência cultural.

Vieram as dificuldades da argila, da lenha, a entrada do Ibama, depois que Suape comprou aquela área todinha, onde extraía o barro. Eu cheguei ao ponto de parar isso aqui. Eu já estava querendo ir embora, voltar pra o Ceará ou pra Bahia, eu queria ir embora,

relembra Celé. Mas ele ficou, ancorado à sua terra e à tradição.[3]

Mestre Celé não apenas permaneceu, mas também resistiu, compartilhando seu espaço com outros artesãos, ensinando o ofício e sua filosofia. Como ele mesmo costuma dizer, "pegava a meninada desocupada e colocava para burnir as peças", ou seja, fazer o acabamento na superfície com o uso de uma pedra, e afastando-os, assim, das "más companhias da rua". Seu discípulo, Mestre Nena, reflete: "Graças ao Sr. Celé eu dei pra gente".[4]

Aos poucos, porém, a produção de jarras e filtros se mostrou insuficiente para trazer o retorno financeiro desejado. A abundância do barro e a destreza dos artesãos eram inversamente proporcionais ao valor agregado de seus produtos. A busca por novos mercados e novas formas tornou-se inevitável. O turismo florescente do Cabo acenava com promessas, mas as limitações tecnológicas da queima impediam a impermeabilização dos utensílios de mesa, exigência básica para seu uso em bares e restaurantes.

Tentou-se aplicar o zarcão, uma tinta à base de chumbo, para resolver o impasse. No entanto, o preço era alto demais: a toxicidade do chumbo, que impregnava o ar durante a queima ou contaminava a comida em contato com o calor, forçou o abandono dessa solução.

Foi então que o Laboratório de Design O Imaginário, da Universidade Federal de Pernambuco, entrou em cena, aceitando o desafio de compreender a realidade das pequenas olarias do Cabo. Em uma das primeiras reuniões, o artesão Zé da Charneca desabafou: "não sei porque trabalho tanto e ganho tão pouco dinheiro". Sua pergunta ecoou como um manifesto da dura realidade vivida por muitos artesãos. A partir desse ponto, pequenas mudanças começaram a ser implementadas: desde o redesenho do layout da oficina até ajustes que minimizavam esforços e perdas.[5]

Celé, mais uma vez, foi um pilar do processo. "Era ele quem colocava as cadeiras e buscava os artesãos para participar das reuniões", recorda Mestre Nena. Novos produtos começaram a surgir, inspirados nas referências locais e na valorização das habilidades individuais, mas sempre com um olhar coletivo. O Laboratório permaneceu atuante no Mauriti por mais de uma década. Paralelamente, surgiram as primeiras incursões em tecnologias mais adequadas para o beneficiamento da argila e a queima. Uma tese de doutorado dedicada à cerâmica vermelha forneceu bases sólidas para o entendimento profundo dos processos de queima e esmaltação.

Ficou evidente a necessidade de criar um espaço equipado com maromba para beneficiamento, local para o "descanso" do barro, estufas, laboratórios para desenvolvimento de esmaltes naturais e principalmente fornos alimentados a gás e eletricidade, evitando definitivamente a queima com uso da lenha. Desse esforço, nasceu o Centro de Artesanato Arqto. Wilson de Queiroz Campos Júnior, mais conhecido como Centro de Artesanato do Cabo. No entanto, como conta Celé, o tempo foi implacável:

construiu o Centro, mas só que passou muito tempo pra ficar pronto esse projeto, todo o processo. Aí faleceu um oleiro... o Abiude... e outros foram embora, e foi... e eu... o Centro, quando veio ficar todo pronto, aí veio a doença da minha esposa, eu fiquei impossibilitado de trabalhar, o Cleber também adoeceu, aí não tivemos mais condições de prosseguir.[6]

O Centro de Artesanato, no entanto, representou uma nova etapa. Mestre Nena assumiu o papel de liderança, seguindo os passos de Celé, com a mesma generosidade. As mulheres ganharam maior protagonismo com a introdução da barbotina, um barro líquido moldado em gesso. Cida, Cristina e Marisa tornaram-se parte do grupo, trazendo suas habilidades e perspectivas únicas, enquanto o torno continuava a ser majoritariamente operado pelos homens.

A participação na Feira Nacional de Negócios de Artesanato – Fenearte, o maior evento do gênero da América Latina, referenda a importância dos produtos e dos artesãos do Centro de Artesanato. Seus produtos agora são valorizados não apenas por sua qualidade técnica, mas também pelo profundo conteúdo expressivo dos artefatos utilitários, figurativos e decorativos. Em 2015, Nena foi agraciado com o título de Mestre, conferido pelo Governo do Estado, conquistando um espaço expositivo diferenciado junto ao seleto grupo de 64 mestres da Alameda dos Mestres.

O artesanato do Cabo é um exemplo eloquente da simbiose entre designers e artesãos, em que o diálogo entre saberes acadêmicos e populares construiu soluções sustentáveis e criativas. Estas se refletem tanto nos produtos e nas formas de fazer quanto no fortalecimento da autonomia do grupo, cujas práticas têm um impacto direto no desenvolvimento de seu território.

1 Depoimento colhido pelo autor em entrevista no dia 30/08/2024.

2 Lira, F. 2006. O que guardam os potes. Um olhar sobre a cerâmica artesanal do Cabo de Santo Agostinho. Trabalho de conclusão de Curso de Bacharel em Design. Recife: Universidade Federal de Pernambuco.

3 Andrade, A. 2015. A Gestão de Design e o Modelo de Intervenção de Design para ambientes artesanais: um estudo de caso sobre a atuação do Laboratório de Design O Imaginário / UFPE nas comunidades produtoras de artesanato Cana-Brava, Goiana, e Centro de Artesanato Wilson de Queiroz Campos Junior, Cabo de Santo Agostinho. Tese de doutorado. Recife: Universidade Federal de Pernambuco

4 Depoimento colhido pelo Laboratório durante os encontros de trabalho.

5 Ibidem.

6 Ibidem.

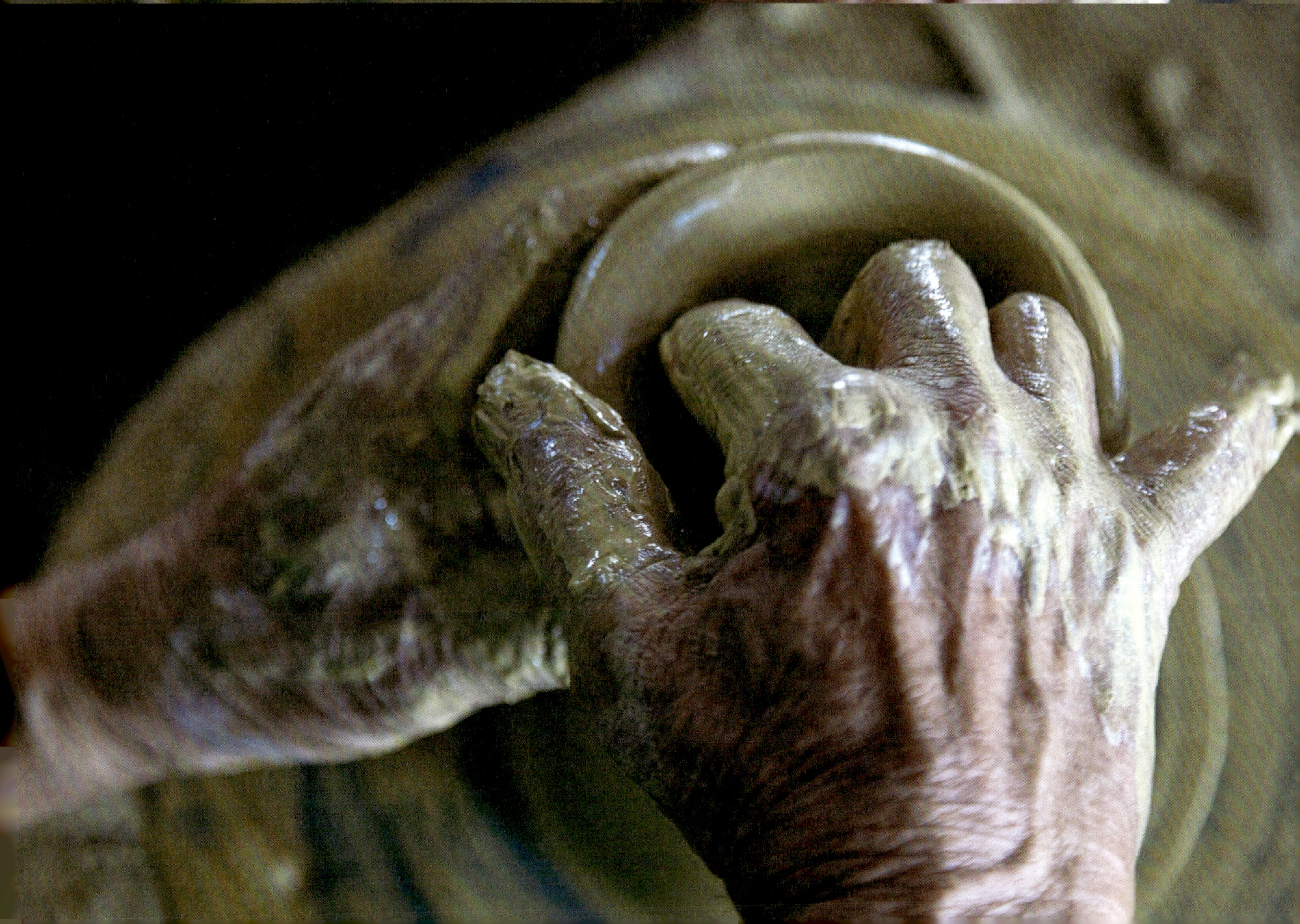

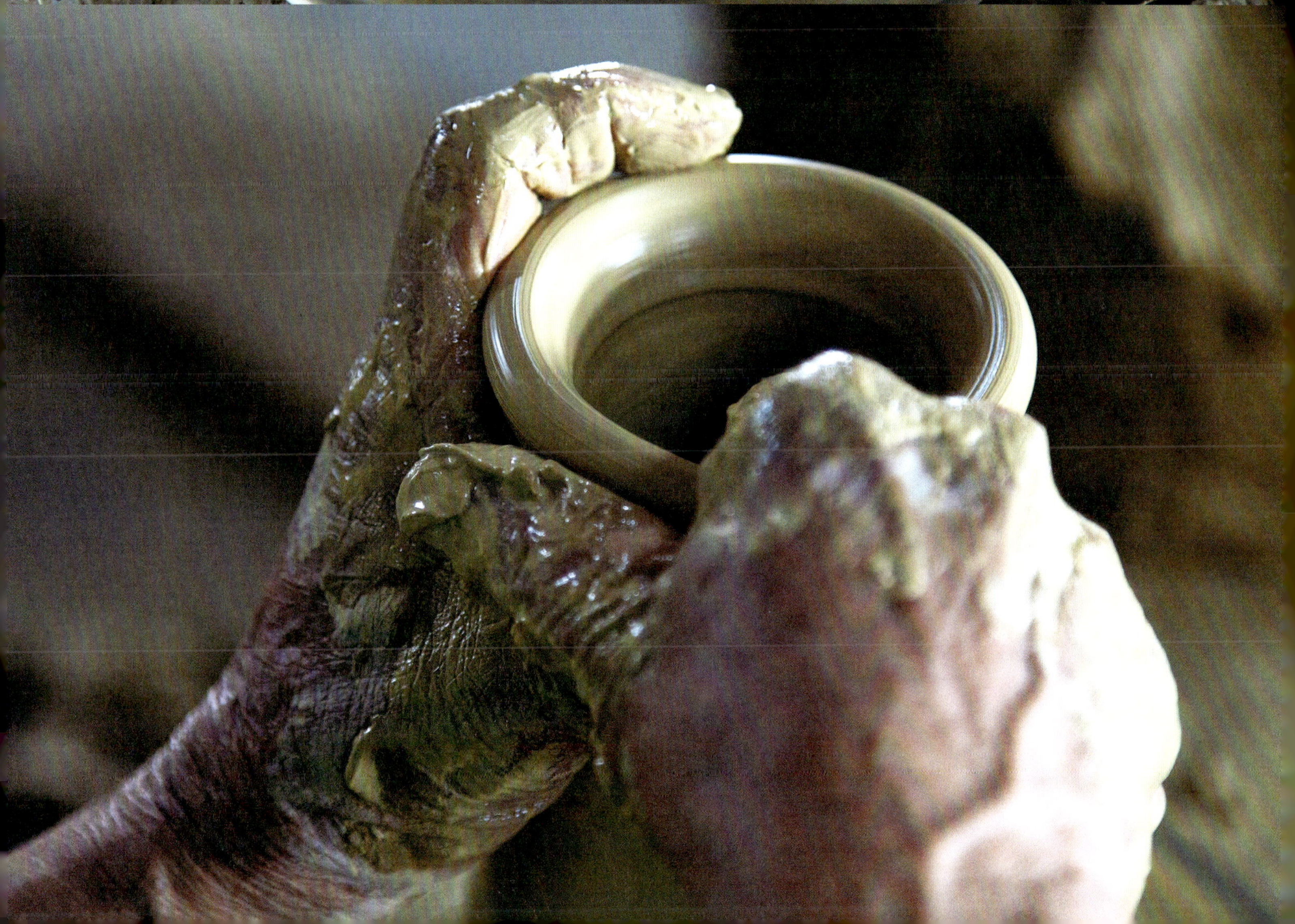

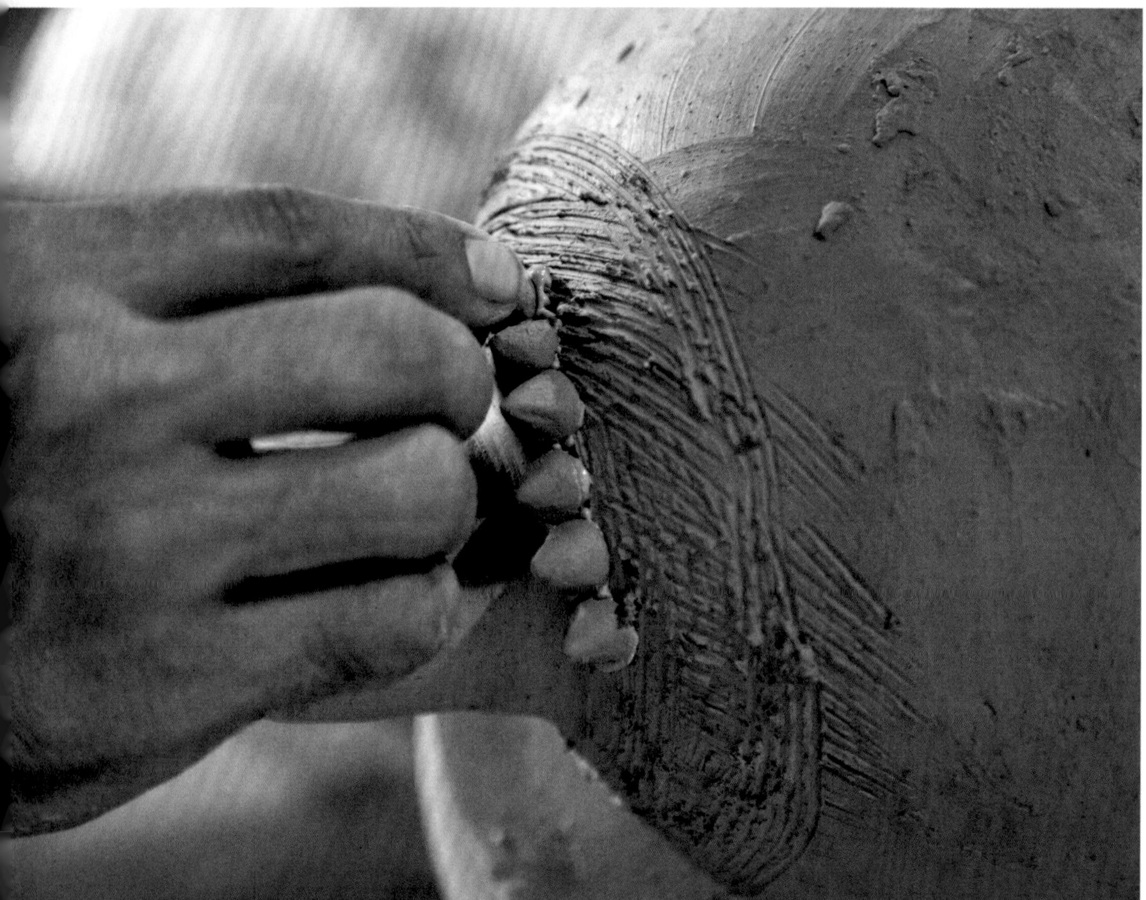

p. 128
No alto [At the top]
José Antoniel da Conceição
Embaixo [Below]
Mariza Henrique Bandeira da Silva
(Cabo de Santo Agostinho)

Acima [above]
Mestre Celé (Celestino José Mota Filho)
(Cabo de Santo Agostinho)

UM MERGULHO NA ARTE NAÏF

TATIANA LEVY + JACQUELINE A. FINKELSTEIN

A arte *naïf* refere-se à produção de artistas autodidatas, que executam principalmente pinturas, mas também esculturas, bordados e colagens. Embora polêmico, o termo agrega e faz sentido para muitos. Nesse universo complexo, profundo e singular, é mais fácil identificar os pintores *naïf* do que a própria pintura *naïf*. Essa arte, bidimensional e sem preocupação com profundidade ou proporção, recusa padrões acadêmicos e se destaca por sua marcante figuratividade e multiplicidade.

Lucien Finkelstein, colecionador, grande pesquisador desse universo e fundador do Museu Internacional de Arte Naïf do Brasil, dizia que mais do que arte *naïf*, há artistas naïfs. Cada um deles é um universo à parte, um oceano de criatividade, com estilos e estratégias únicos. O pintor Gerson, *naïf* por natureza e vocação, no verso de seus quadros sempre deixava registrada a frase "cada indivíduo é um universo".

Profundamente conectada às questões do nosso tempo, a produção desses artistas, além de abordar temas como política, questões afirmativas, de gênero e diversidade regional e cultural, reflete também a urgência das questões ambientais.

Esse gênero artístico se torna um espaço privilegiado para narrar as conquistas e os desafios do povo, assim como para destacar a importância da proteção do meio ambiente, integrando essa preocupação em narrativas visuais. Isso demonstra o dinamismo e a transformação contínua que marcam tanto a arte quanto os artistas *naïf*.

Nas obras escolhidas para tecer uma rede entre o oceano e a arte *naïf*, a multiplicidade das estratégias pictóricas é atravessada por uma conexão estética e imagética que se expressa por meio de cor, forma, candura e crítica, além de temática. Mesmo com a diversidade técnica, as obras mantêm uma harmonia que evoca compromissos comuns: a preservação da relação do homem com a natureza e a expressão da alma brasileira.

É crucial relembrar nossas origens e raízes artísticas enquanto propomos novas perspectivas para um futuro mais sustentável e conectado com o meio ambiente. Ser artista *naïf* é, portanto, um ato de conexão, expressão e responsabilidade, que reflete a diversidade e a relação próxima com a natureza e o oceano.

Chico da Silva
[Francisco Domingos da Silva]
1972
O polvo
Guache sobre cartão
[Gouache on cardboard]
20 x 30 cm

Dizer que a arte naïf é um testemunho da humanidade não é nenhum exagero. Poderíamos considerar que a arte naïf se encontra no nascimento mesmo da arte e chamá-la de mãe de toda a pintura, já que a arte dos tempos pré-históricos foi o berço da arte naïf e, portanto, de toda a arte.
Lucien Finkelstein

Lia Mittarakis
1989
Navegando
Acrílica sobre eucatex
[Acrylic on MDF]
53 x 73 cm

LIA MITTARAKIS

A biografia de alguns dos artistas escolhidos para esta obra se confunde com seus temas mais recorrentes. Lia, por exemplo, viveu rodeada pelo oceano Atlântico grande parte de sua vida. Suas referências cotidianas provavelmente se conectam ao som das ondas, à fauna e à flora, ao tom das águas do mar... Talvez devido a essa influência pintasse suas montanhas de azul, em todos os seus quadros surgissem gaivotas como se fossem sua assinatura e pintasse tantos animais aquáticos...

Lia retratou o Rio de Janeiro visto do mar, da ilha de Paquetá, onde residiu e criou suas filhas. Esse foi um cenário bastante explorado por ela e deu margem à criação de muitas obras, nas quais praticamente toda a cidade, seus bairros, monumentos e locais públicos mais importantes estão representados.

L'AMITTARAKIS
I. PAQUETÁ 1982

Lia Mittarakis
1982
Aquário
Acrílica sobre eucatex
[Acrylic on MDF]
55 x 75 cm

MIRANDA
Nasceu em Maceió e começou a trabalhar aos nove anos, mas se descobriu pintor com mais de 60. O mar sempre esteve presente em sua vida: foi pescador de mariscos e também estivador. A sua obra reflete a conexão que tinha com as águas, talvez as massas humanas que pintou em seus quadros se referissem à massa líquida que circunda sua cidade natal, aos inúmeros cais de porto e navios que criou, às festas ao mar, às praias, todos incessantemente representados em seus trabalhos.

Miranda
[Jose Rodrigues Miranda]
s/d
A praia
Óleo sobre eucatex [Oil on MDF]
50 x 70 cm
Foto [Photo]: Antonio Caetano

Miranda
[Jose Rodrigues Miranda]
s/d
Arrastão
Óleo sobre eucatex
[Oil on MDF]
78 x 100 cm
Foto [Photo]: Antonio
Caetano

Ozias
[Odoteres Ricardo de Ozias]
1997
Pescando
Óleo sobre eucatex [Oil on MDF]
19 x 24 cm
Foto [Photo]: Antonio Caetano

ODOTERES OZIAS

Mineiro de Eugenópolis, ferroviário aposentado e pastor evangélico, começou a pintar aos 66 anos utilizando os dedos e palitos de madeira à guisa de pincéis. As paisagens dos campos de sua infância, os trens e a religiosidade são temas comuns em suas obras. Com sua mudança para o Rio de Janeiro em 1980, o mar, o porto, os marinheiros e os barcos pesqueiros passaram a figurar na sua singular linguagem biplana e com uma cromática vibrante. Ozias faleceu em 2010, e desde 2018 tem despertado o interesse do mundo artístico com exposições em museus e grandes galerias pelo planeta.

Acima [Above]
Fábio Sombra
1999
Paraty
Acrílica sobre tela e eucatex
[Acrylic on canvas and MDF]
45 x 64 cm

p. 148-149
Chico da Silva
[Francisco Domingos da Silva]
1972
Peixe do fundo do mar
Guache sobre cartão
[Gouache on cardboard]
20 x 30 cm

Fotos [Photos]: Antonio Caetano

FÁBIO SOMBRA

É carioca multiartista: pintor, escritor, poeta, compositor, ilustrador, guia de turismo, além de advogado. Suas obras apresentam um perfeito equilíbrio de volume e cor, e Paraty, a Costa Verde, as atrações turísticas e as festividades brasileiras figuram com grande destaque em seus trabalhos.

CHICO DA SILVA

Provavelmente um dos maiores expoentes da arte *naïf* brasileira, nascido no Acre, semianalfabeto, brincava ainda menino nas areias da praia e recolhia todos os elementos que ali encontrava para depois usá-los nas pinturas que fazia nos muros e nas paredes de sua cidade. Foi descoberto por Jean Pierre Chabloz, crítico de arte, pedagogo e ilustrador suíço que viveu no Brasil entre 1930 e 1980, que o incentivou a pintar. Da sua imaginação e do seu pontilhismo surgiram animais fantásticos, dragões, peixes, aves. Participou das bienais de São Paulo e de Veneza com Menção Honrosa em ambas, e é reconhecido mundialmente.

1972
F D SILVA

GERSON

GERSON
Nasceu no Recife e pintou desde cedo. Como carteiro de profissão, trazia nos seus quadros as mais variadas imagens. Era o viajante dos sonhos, entregava às suas telas personagens de todos os estilos, de séries do cangaço às mulheres de Ágora, dos palhaços aos marinheiros, do espaço sideral aos mares e oceanos. Gerson era um pintor de alma popular.

Gerson
[Gerson Alves de Souza]
1995
Pedaço de domingo
Óleo sobre eucatex [Oil on MDF]
19 x 24 cm

MARÉ MOBÍLIA

NUNO RAMOS . ARTE
GONÇALO IVO . TEXTO

CLÉPSIDRA

Para Nuno Ramos

I

Volto ao mundo da entropia. *Maré mobília* é uma proposição teatral sobre a atuação da maré, fenômeno cíclico que obedece à cadência de astros suspensos. Vislumbramos determinados objetos banais de nosso cotidiano. Suas personagens fazem parte de um curioso brechó: uma mesa, uma cama e seu estrado, uma caixa ordinária de madeira industrial, um guarda-roupa, o mar, o céu em sua imensidão, o tempo. Na baixa-mar, escuto a voz silenciosa da água e de seres imóveis, que parecem saídos de um espaço-tempo marginal, talvez um conto de Marques Rebelo ou o monumental *O cortiço*, de Aluísio Azevedo.

II

Era o inverno de 1977 e o urbanista e arquiteto Carlos Nelson Ferreira dos Santos, amigo e orientador, com quem trabalhei por vários anos, contou-me uma rocambolesca história ocorrida na remoção dos moradores da favela da Catacumba ou da Praia do Pinto alguns anos antes, e que seria decisiva para que eu cunhasse meu epitáfio como arquiteto e urbanista. Àquela época, Sandra Cavalcanti empunhava a bandeira de uma "limpeza" ético-estética, associada a um pensamento racionalista, tão em voga no Brasil dos anos 1950-1960. Sonhava-se com Tradição, Família e Propriedade.

Ao chegar a Brás de Pina, subúrbio desolado e melancólico da cidade do Rio de Janeiro, presenciou o desembarque dos pertences de umas das famílias recém-expulsas e se impressionou com a extrema racionalidade daquelas pessoas que haviam acabado de passar por um trauma e tentavam reconstruir algo. Os parcos móveis que possuíam só encontraram sua devida disposição após uma intensa discussão de onde deveriam ficar. Feito isso, passaram à construção das paredes internas da nova habitação, dando forma ao que rotineiramente chamamos de lar.

Lembro-me hoje que precisei de mais de uma década de convívio com Carlos Nelson para que intuísse o estereótipo do racionalismo em arquitetura. Penso, por exemplo, no suíço Le Corbusier e suas verdades dogmáticas, que se tornaram para mim as entranhas de areias e manguezais encharcados de sucessivas marés de dúvida. A razão não é capaz de combater o poder da natureza. Não há máquinas de morar, não aprendemos de navios, os quais, aliás, amiúde naufragam. O grande e glorioso engenho é a natureza.

III

O mar dos mortos

Meu silêncio reverencia as serenas e verdes águas de Maceió. Resolvi extinguir-me no mar. Durante o dia, sua existência é soberana e luminosa. Na misteriosa madrugada, sempre há uma grande vaga que o atravessa, percutindo contra um rochedo ou uma embarcação de emigrantes. Quantos corpos guarda esse ser amorfo como o éter que, desacompanhado de estrelas ou lua, leva traiçoeiramente a vida humana para as suas profundezas obscuras?

IV

Peregrinos

Somos náufragos da eternidade. Não salvaremos nossas vidas e nossos pertences. Montante e vazante são a cadência da existência, como o dia e a noite, as fases da lua e as estações.

O mar que arrasta a mobília de cada um não tem remorso ou pudor. Eco longínquo dos oceanos subterrâneos de Titã, em Saturno, e Europa, em Júpiter, só se deixa notar em suas sombras e nos eclipses totais, nos luares enegrecidos e nos aventurados pescadores que retornam felizes ao seu porto.

Gonçalo Ivo
Paris, 21 de outubro de 2024.

53-165
no Ramos
ré mobília
)0
eção do autor
thor's collection]

SEA OF ARTS: ESSAYS

TRANSLATION INTO ENGLISH

PRESENTATION

OCEAN ART

ALEXANDER TURRA*

Like a work of art, the ocean woos us and calls us to understand and reflect on what has seen and what is not seen in it. From the most colossal creatures, such as whales, to the microscopic organisms that thrive among grains of sand, symbols emerge that enrapture us. And this perception diversifies as our relationship with the ocean deepens and our knowledge about it and its infinite treasures is expanded.

Unfortunately, this work of art has been degraded by human actions. There is not a single spot in the ocean where the effect of human activity cannot be recorded.[1] Destruction of mangroves, beaches and coral reefs, invasion of exotic species, overexploitation of marine resources, pollution and climate change represent different forms of vandalism that society has been exerting on it.

Since the 1990s, when Agenda 21 was developed, the ocean has gradually received priority on the global agenda. However, only in recent years our arsenal to fight for sustainability has increased. In 2015, the United Nations (UN) launched the 2030 Agenda for Sustainable Development in which 17 Sustainable Development Goals were proposed.[2] SDG 14, "Life below water", aims at the "conservation and sustainable use of the ocean, seas and marine resources for sustainable development".

Along the way, our clarity about the benefits the ocean provides for society has been greatly expanded, such as its role in producing part of the oxygen we breathe, regulating the greenhouse effect, promoting food security and creating opportunities for the exploration of alternative sources of energy. In addition to popular imagination and the free perception of its explicit and subliminal messages, science has helped us to understand the ocean in its essence – how it works and what the processes that make it healthy depend on. Nonetheless, despite these advances, there is still a structural lack of knowledge about the largest environment on Earth.

In response, the UN launched the Decade of Ocean Science for Sustainable Development in 2017,[3] which aims to produce the "science we need for the ocean we want". The science that is produced and the knowledge that is shared.

At this point, a movement triggered in the 2000s – "Ocean Literacy"[4] – began to play a strategic role. It aims to broaden people's knowledge about the structure, functioning and importance of the ocean and reveal the different roles they have or can have in the processes of degradation, conservation or restoration of this fragile and relevant environment. However, the mobilization, engagement and participation of society is still necessary to strengthen decision-making processes that unequivocally lead to a change in our relationship with the ocean. This is one of the challenges of the Ocean Decade: rescuing and giving new meaning to people's relationship with the ocean, understanding and disseminating the different ways of living in harmony with it. And to overcome it an additional ally is needed: emotion. The emotion that is the fuel for the ignition of transformative processes based on science and dialogue between various sectors of society.

It is in this context that the "Ocean Decade" Collection, the result of a partnership between Andrea Jakobsson Estúdio and the UNESCO Chair for Ocean Sustainability, was created. It has resulted in books with a wide variety of themes but with a guiding principle aligned with the international ocean agenda. Seven titles were already published: Peoples of the Sea; Lighthouses; Brazil, A Story of Tomorrow: The Ocean; Mangrove; The Sea seen from Space; The Spectacle of Marine Life and A Wave of Women for the Sea.

In the search to create opportunities to integrate knowledge and emotion in the promotion of ocean literacy, this work adds to the others but with a different perspective. From the point of view of different artistic manifestations, the aim was to exemplify the various angles, meanings, and developments that readings of the ocean complementary to science can offer us.

Sea of Arts: Essays is the first in a series of actions to advance the understanding of the Ocean Art binomial, a theme the UNESCO Chair for Ocean Sustainability advocates. This process of discovery has revealed a wealth of roles for the ocean. It is sometimes envisaged as a backdrop against which historical scenes are recorded, as in the work of Benedito Calixto, or as a protagonist, especially in ephemeral art, such as in drawings made in the sand which are inevitably subtracted by the inexorable high tide. However, the ocean is also an inspiration, as in the coastal landscapes painted by José Pancetti.

This was the scenario in which this work was idealized and heuristically constructed. The studies presented here refer to a free and experimental reading of the diverse roles of the ocean in art, and the varied prisms that allow us to see the infinite palette of meanings and sensations that Ocean Art provides us.

Sea of Arts: Essays is composed of eight chapters with fluid and engaging texts as well as resounding illustrations whose authors did justice to what served as their substrate. The multiple artistic manifestations shared here were contextualized and interpreted, the artists were unraveled and the developments for the future of the ocean were explained.

And this leads us, again, to the context that brought us here. The degradation facing the ocean can be undone. What we do can help make the ocean of the future different from the one we have today. Cleaner and healthier, so it can be used sustainably. Science teaches us this – art demonstrates and drives us. The material gathered here is an invitation to reflection, inspiration and, above all, to action.

** Cátedra UNESCO para a Sustentabilidade do Oceano Instituto Oceanográfico, Instituto de Estudos Avançados, Universidade de São Paulo*

Endnotes:

1. Halpern, B. S. et alii, 2008. A global map of human impact on marine ecosystems. *Science*, 319:948-952.
2. UN (United Nations), 2015. Transforming our world: the 2030 Agenda for Sustainable Development. [https://sdgs.un.org/2030agenda].
3. IOC-UNESCO (Intergovernmental Oceanographic Commission-United Nations Educational, Scientific and Cultural Organization), 2019. *The Science we need for the ocean we want: the United Nations Decade of Ocean Science for Sustainable Development (2021-2030)*. 24 p. [https://unesdoc.unesco.org/ark:/48223/pf0000265198].
4. Santoro, F.; Santin, S.; Scowcroft, G.; Fauville, G.; Tuddenham, P. 2020. *Ocean Literacy for All: A Toolkit*. IOC/Unesco & Unesco Venice Office, Paris. IOC Manuals and Guides, 80, 136 p. [Ocean literacy for all: a toolkit].

CHAPTER I: THE CENTRE OF THE SEA

GONÇALO IVO

La mer, la mer, toujours recommencée!
Paul Valéry, *Le cimetière marin*, 1920

The sea as it breaks on the beach
Is beautiful, it's beautiful
The sea... a fisherman when he heads out
Never knows if he will return, or even if he will stay
(Doryval Caymmi)

The sea, in its vastness, crosses existences. Now, from its centre, I see no coastlines, beaches or geographical features from precarious nautical charts. Myth and substance coexist in the geographical and semantic space, revealing its furious chastity. The mystery of an unfathomable expanse that torments life, even when one dreams, unveils an atavistic world. We cannot conceive of our narrow existence without the scent of sargassum, the sea air, the eternal noise of the waves repetitively crashing against the rocks – time-honoured fenders of a world of water and stone, as well as its white sand.

The sea, in its vastness, possesses what we are. We experience its presence, its power.

***

In Ancient Greece, goddesses and gods drank the wine of truth from golden amphorae.

One winter morning in 2013, on a crossing from Piraeus to the island of Hydra, I realised once again the power of the sea and how treacherous its song and dance can be. My gaze, no longer reaching the horizon, experienced the space occupied by a vertical wall of high waves, in an atmosphere overshadowed by dense grey clouds.

Upon reaching shore, I anchored my heart in a mythological omen. I heard the birds of paradise and experienced the opportunity to eat grape leaves and rest in the slow passing of time.

***

After the long Greek crossing, I arrive at another coastline: the Brazilian coast between Alagoas and Ceará. The smell of sargassum and sea spray chases me like a dog. The blue of the landscape invades my memory.

The sea of the Brazilian Northeast evokes much more than the tropical tranquillity of its lazy shores, with their sloping coconut palms and barrier reef-protected tepid waters.

I learnt to read the sea and its entropic encounter with the coast. Sometimes the contact is abrupt; other times it's a gentle caress of the fine grains of sand, which, like the pores of an immemorial skin, hold water and tiny marine animals, inhabitants of thin layers of crystal, producing an epiphany through which invisible life is hidden.

***

I look at *The Great Wave off Kanagawa* by the Japanese master Katsushika Hokusai [1760–1849], a placid seascape by Carlos Balliester [1874–1926], numerous paintings by José Pancetti [1902–1958].

The sea and its immense mythology are ingrained in people's subconscious, whether in Jorge Amado [1912–2001], his *Sea of Death*, his *Captains of the Sand*, or in Claude Debussy's [1862–1918] sublime composition, *La mer*, the first edition of whose score, from 1905, reproduces the mythical wave of Hosukai.

Chaque jour, on regardait ça: la mer écrite.

C'est la mer.
Elle a tout pris.
Elle a cassé la forêt de marbre.
Mais elle garde aussi.
Christ, elle garde aussi.
Et rien, elle garde aussi, elle se trompe la mer.
Elle marche avec le temps, tout comme si c'était possible.
Marguerite Duras, *La mer écrite*, 1996. Paris: Editions Marval

How many maritime odes have been whispered to us by the coastal wind or the treacherous subterranean currents? Weather and tide. Upon which shores, dawns, rises, sunsets or nights on clear sandy beaches does the sea manifest itself? How many pebbles, shells, remains of boats, shipwrecks, scourges and pains would there be? How many songs have been sung by widows dressed in black, whose husbands and sons, fishermen, have been left helpless by the song of sibylline sirens, heading into the vertical world of this sea-come-hangman's noose?

***

I refuse to wander in the abstract depths of the ocean. Its murky opacity, home to beings that light up like stars and dance randomly in a quivering plant world, is the nightmare and fate of seafarers who succumb, despite their compasses and astrolabes, to the whims of sweet songs, tides and whirlpools.

I summon the brightness of day, or even of the flat sea, so that it may be the light of the lightning that, in the stormy night, falls perpendicular on the marine farm and takes shelter there.

Before creation there were no men, no animals, birds, fish, crabs, trees, stones [...]
The sea was suspended and there was no sound in the sky. [...]
Nothing was in order except the sea and the water which were quiet and everything was silent and dark as night.
(*Popol Vuh*, ancient stories of the Quiché Indians of Guatemala. Free translation by the author)

The *Popol Vuh*, the Mayan bible, alludes to a suspended sea – everything before creation evokes emptiness and nothingness. In several mythologies, the sea manifests polyphonically. On Pancetti's sweet beaches in Bahia, it embeds itself. A magnificent link between the culture of Black heritage and a strange orientalism, also found in the diminutive washerwomen, painted freely with quick brushstrokes, and their pieces of fabrics lying on the sand like coloured beads. The Orient echoes as it does in Guignard, in the joy of winter festivals, in the mountains so far from the coast, in the invented Ouro Preto.

Today I was looking at old photographs. Some were in picture frames on the tables. Others protruded from the white walls of my studio in Vargem Grande, Teresópolis, in the still cold early morning hours. They resembled ghostly prints, flickering apparitions that only materialise in dreams.

The need to represent things in the world, whether real or dreamlike, has always been one of the credos for overcoming the ephemeral, the constant disruption of temporal speed and the understanding of changes in our existence. Even in ancient times, immobilising the instant through the image is subtle evidence that the primary function of recording is to "save" moments, as if they were photograms or secrets to be seen in an unknown future, where you will no longer be. Images are sediments, strata superimposed on the ground that we want to be vertical.

I remember Jacques Henri Lartigue [1894–1986] and his photographs of an imprecise past blurred by grains of silver. I also remember the enigmatic and Dionysian figure of Joseph Beuys [1921–1986] under the sun of Diani, a beach on the Kenyan coast, in 1978, in the images taken by Charles Wilp [1932–2005], thanks to which we have a record of his interventions on the sands of the African coast, an event that aroused in me a great urge to escape.

Beuys creates a cosmic construction of primitive, rudimentary and shamanistic conception, in which the grammar of the representation of elk, bison, female nudes and skeletons, and even a geometric weft reminiscent of fishing pens, Senegalese fabric patterns or adobe and bamboo buildings are implanted in the world like contemporary fossils. All its dazzling firmament of archaic and primitive imagination, covered in salt, is caressed by the wind that blows in from the sea and reaches cliffs and coconut groves, creating the flow of a breath that leads me to freedom, to the irrational, to mythology and to the remote caves of Altamira and Lascaux. In these contrasted and saturated photographic images, Beuys resembles the icon of a large insect, perhaps a grasshopper encrusted in volcanic rock or some other creature pulling a worm from the ground or inserting something into it that divine providence will erase from Diani over the course of a lunar cycle and its tides.

Nature transforms the drawings made in Diani into fragile and ephemeral effigies of the ineffable. In Altamira, the images of the palms of our ancestors tell us: "We were here." Joseph Beuys was in Diani, leaving us the legacy of that which will move under the sun and with the flavour of the sea, whose traces are erased in the dark and silent night of the world.

***

Is there a floating world? On every beach where I walk, I leave my pilgrim's mark. My steps no longer accompany me. All that remains is the drawing of a memory imprinted on its sand. The rising tide will erase my time, so that once again I can dive into the unfathomable blue of the sea.

Sítio São João, 22 August 2024

CHAPTER 2: AN OCEAN OF IMAGES

MARCIA MELLO + RICARDO MELLO

If a cartography existed to the world of images, it would probably lead us to get lost through uncharted seas. Even if mapped routes lead us along established paths, crossing the ocean of the world of images means taking detours, seeking a certain ideal distance from existing safe routes.

Detours bring us into contact with subjectivity and the unknown, establishing connections with the unconscious. And it is from this ocean that several artists draw inspiration to expose their impulses. Seas of consciousness, embraced by the ocean of the unconscious, lead to the fascination of the possible transversality between endogenous and exogenous images, in a kind of symbol-governed symphony.

Symbols are of the order of the unknown and represent something that undergoes experiences without allowing for its meaning to be exhausted or defined. They are the external manifestations of archetypes, the pathway that can connect us to universal images.

Symbols emerge as a subjective reference that generates a movement of psychic attraction and leads to rapture when we stand before a work of art, for example. By different paths, they transport us to what exists of us within the work and what exists of the work within ourselves. They carry archetypal images that are renewed according to the experience of the contemporary subject, who, in essence, maintains the latent power of the universal images that are part of the collective unconscious.

NEW COORDINATES

In a world full of images, we have become accustomed to seeing photographs with condensed references, often by historical coordinates. When we allow ourselves to go further and be summoned by the psychological aspects of photography, we end up drawing closer to its subjective layers, which give creation its symbolic meaning.

And it is in this amplified state of feeling that contemporary photography adopts a multiple nature, giving rise to hybrid experiences whereby images shift and gain movement, sounds, pauses, absences and permanence.

The images of now refer to other times that extend beyond the linearity found in Cronus. The expanded experience speaks of the indeterminate time of Kairos, it deals with the moment that cannot be measured and allows the experience to be felt in the soul.

In Kairos, the image is the time when something special happens.

DETOURS AND ENCOUNTERS

The images presented in this essay lead to a deep dive into the symbolic universe of those who made them. They are pauses in time. They place everything in suspension, in a poetic dimension that leads to sensations, to what we feel when we close our eyes and imagine...

They are the ways and detours of their authors, the paths they have followed to express their relationships with the world through different means, languages and materials, using imagination as the raw material.

Through the imagination, we are transported to different seas, through waters that invade spaces and create new existential dynamics. In the middle of this ocean, ancestral entities are revealed, sacred symbols speak to the feminine – which is in all the beings that inhabit all known or as yet undiscovered lands and seas. Seas in negative, seas in positive. Conscious seas, unconscious seas. Landscapes that go back to the human relationship with the sky, with the earth, with the bottom of the sea, through which all contradictions and conflicts pass.

It is from this subtle feeling that contemporary images emerge. The artist's desire to express themselves visually makes photography the space for narratives that go beyond its semiotic understanding.

By virtue of its seemingly limitless expanse, the ocean generates images of primordial indistinctness, of original indeterminacy. Just like the images of now.

Katia Maciel (Rio de Janeiro, 1963)

A restless poet, Katia Maciel explores a multiple environment of expression. She creates concepts, listens to her creative instincts and takes bold steps in a polysemous language that involves video installation, object poems, performance poetry, interactive installation, video poems and expanded performance. The word, naturally very prominent in her work, deconstructs everything that is pre-established, opening up new possibilities for understanding the world.

Her artistic creation often involves representation of the sea: *Quebra-mar*, *Mar adentro*, *Vertigo*, *Mareando*, *Ondas: um dia de nuvens listradas vindo do mar*, *Variações sobre o horizonte* are some of these works.

Through her heterodox practice, the artist raises many possibilities for aesthetic investigation, constantly renewing her theoretical and philosophical thinking. The regular movement of the tide and the intermittent noise generated by the motto of the waves are portrayed with unique images in syncopated and, at times, infinite acts, which reflect the artist's transformative yearnings.

In reference to Edgar Muybridge's late nineteenth-century studies of movement, the installation *Quebra-Mar*, consisting of nine canvases, shows a wave breaking repeatedly, decomposing its movement from the first canvas to the last. Almost cinematic. Canvases placed vertically break patterns and subvert the illusion of the horizon line.

Edu Monteiro (Porto Alegre, 1972)

A practitioner of *capoeira de Angola*, Edu Monteiro's search for the origins of Afro-diasporic combat dances took him to other continents, where he photographed the rituals of ancestral Senegalese wrestling, Laamb, and Ladja, the Afro-Caribbean rhythmical martial art practised in Martinique. In the Black Atlantic, he listens to the ancestry of the spaces of history and affective memory.

In Martinique, he invited some wrestler friends to perform at sea, in an attempt to connect with their African origins. Armed with objects chosen by them, they invoke archaic entities that emerge from the depths of the ocean. The gesture brings to mind regression and memories of the cadenced sounds of the chanting and drumming disseminated by the African trade winds, resonating in that instant of complicity between photographer and subject. The scenic space at sea has generated new perspectives for the artistic investigation of themes that are problematised in current times, revisiting obscure issues from our history:

> *...this thesis delves into the universe of colonialism. A journey that starts from their most perverse routes, to navigate gestures of bodily, artistic and literary resistance, until they emerge at the crossroads of the physical and cultural frontiers of their contemporary expressions.*[1]

The central role adopted by the characters, from the artist's poetic point of view, retrieves a mythical time engendered in each performative action. Edu Monteiro's poetic representations act as a motto of resistance across centuries of diaspora.

Gabi Carrera (Rio de Janeiro, 1983)

An enigmatic curiosity about the world's largest mammal led Gabi Carrera to achieve a dream.

The whale, a symbol of spiritual rebirth, is considered a sacred animal in some cultures. In shamanism, it teaches us to listen to the voice that emanates from deep within ourselves and points us in the right direction. For the artist, this call from the heart was revealed in black and white photos of great density, acquired through the photographic negatives. This artistic choice has shrouded her images of whales on the Brazilian coast in mystery, as well as broadening the symbolic meanings of her work.

The dark appearance emphasises the enigmatic sensation, the perception of strength and taps into a primordial emotional memory. The bluish colour that creeps into the final image eclipses the sunlight and mirrors the moonlight on the sea. The night and the unknown reiterate the artist's incognito desires.

The figuration of the element of water, naturally predominant in the photographs of the series, speaks to other symbologies. Water relates to the feminine, the source of continuous birth and to everything that is transitory. The beginning and end of all things on Earth, the element unites depth and infinity, incites the imagination and has therefore inspired artists interested in depicting the mysteries of life.

For the Chinese, it is the home of the dragon. In India, it is the element that maintains the cycle of life through rain, milk and blood. Life and death, permanence and transience, are common metaphors when we think of water. They are also expressions pursued by Carrera when she ventures out to sea with scientists, interested in understanding the life of cetaceans, their movements, habits and songs.

On a reverse path, in poetic counter-narratives, she seeks a subjective understanding of the many unfathomable symbols that surround her chosen artistic theme. Between matter and form, her imagination slides beyond the real and plunges into the dimension of icons. Navigating between unconscious and conscious states, between light and dark, there is – for the artist – the magical song of the whales.

José Diniz (Niterói, 1954)

José Diniz's narrative is based on depictions of naval battles and timeless seascapes. The leitmotif of the series he entitled "O céu vem abaixo" [The sky is coming down] is the element of war: periscopes, submarines and aeroplanes inadvertently appear in the landscape. The photographer records clashes with weapons he built, which take shape through dense shadows and subtle light inflections in actions staged in frames taken from underwater. He thus creates a curious black and white war memorial, sparking feelings that are both hostile and amusing.

The pictorial treatment and the inaccuracies obtained with the camera lens and by the waves that come between him and the scene portrayed create mysteries and contribute to the perfect translation of his imagination.

The photographs captured in the water convey feelings of instability and tension:

To photograph in the sea, vision is not enough.
The whole body is needed, using all five senses.
The camera is at a point below the horizon and the waves are mountains in motion,

said the artist.[2]

Encouraged by his father, a painter and geometry teacher, Diniz has always drawn the sea and related to it in a consistent and very playful manner. In his childish daydreams, he created combat situations, illustrating and making notes on the strategies of the war games he watched on TV and played as a boy. His infantile handwriting has been converted into enigmatic photographs that provoke the viewer. Seen in perspective, his war figurations are now the soliloquies of someone who still dreams of adventures on a submarine in the seas of imagination.

Hiroshi Sugimoto (Tokyo, 1948)
Japanese photographer Hiroshi Sugimoto is known for the way he designs concepts and adopts forms of photography to create images straight from his imagination.

With a deep knowledge of photographic techniques, he uses resources that question his own nature, subverting the relationship with time and the reality portrayed. He thus conceives a new way of dealing with the world.

Usually, photographers capture something. I use the camera to project my internal idea of reality,[3]

he once remarked.

In his acclaimed series, "Seascapes", the photographer traces the imaginary horizon line without any kind of interference to distract us from it. He works with extended time through long exposures in large format cameras, which he strategically places so as to evenly split the sky and the sea from his point of view.
The placid records of light on the surface of the sea, at various times of day and night, confront us with the feeling of eternity.

By compressing time, the photographer challenges the pre-established notions of chronological and historical time, unveiling other possibilities for experiencing emotions. Perhaps this is the way he found to retrieve his earliest memories of the sea, when he visited Sagami Bay at the age of four. The lack of geographical references intensifies the diaphanous timelessness of the abstractions he constructs with a controlled tonal range.

Like a mantra, the silent images produced by Sugimoto slow down our gaze, free us from everyday references and push us towards a state of transcendence. We have to stop for a moment and immerse ourselves in the magic of the void to access the instincts and ancestral wisdom that lie dormant there. The softness of his palette contributes to this meditative state, linking us to a cosmic perspective of the world.

Leonardo Ramadinha (Rio de Janeiro, 1977)
From time to time, technological resources emerge that enable new ways of creating images. Artificial intelligence has been adopted by some artists who are in tune with the state-of-the-art in order to enhance the mysterious spaces of the imagination. AI is a game changer, capable of bringing reality closer to experiences of a purely symbolic nature. It is also the tool chosen by Leonardo Ramadinha to materialise his artistic ideas.

"Tanto faz onde começa, se no final se encontra" [It doesn't matter where you start, if you find yourself at the end] follows on from other photographic series produced by the artist focused on the sea: "Linha do horizonte" [Horizon Line], "Parte de mim é mar" [Part of me is sea], "Angra dos Reis". His most recent production creates metaphors, deals with fragility and bravery by presenting a small boat that never capsizes in the rough sea, even in highly dangerous situations. The AI-generated images escape representational records, placing technology at the disposal of the artist's perceptions, thoughts and poetic reveries.

In an overflow of purely documentary aspects, overcoming the coldness of the robots, Ramadinha pays tribute to epic works such as, for example, Hokusai's The Great Wave off Kanagawa, Edoardo de Martino's frigates in historic battles, and Rembrandt's *Storm on the Sea of Galilee*[4].

"Sophia de Mello Breyner writes like I photograph the sea," says the artist, who identified with the Portuguese poet's words in "Mar Sonoro":

Resonant, bottomless, endless sea.
Your beauty rises when we're alone
And so intimately deep your voice
Follows my dream's most secret dance.
That moments there are when I suppose
You are a miracle created for me only.[5]
Sophia de Mello Breyner

Miguel Rio Branco (Las Palmas, 1946)
Miguel Rio Branco has come to the fore on the international art scene with his poetically loaded images. His complex creative process includes painting, cinema and photography. Rhythms are obtained by combining images of different natures that dialogue through contrasting shapes, colours and meanings. "Like a pack of cards," he often says in his interviews.

Closed frames and a range of dense colours characterise his work, which reveals an intricate world between the splinters of reality that pervade his shrewd gaze. The pain and pleasure mirrored in his lenses emphasise what is hidden behind the appearance of things. One sentence in his notebook is particularly revealing: "Flavour can be born from poison, just as poison can be born from flavour."[6]

The silence of his images is broken by audiovisual installations that incorporate fragments of music and sounds he has captured. He thus creates compositions that intertwine with the projected or printed photographs, engaging the viewer in a particular universe that is both convulsive and refreshing. In ecstasy, we are transported from the real world to the artist's sensitive world.

"Entre os olhos o deserto" [Between the eyes the desert], a 1996 installation assembled for the In-Site Santa Fe Biennial, featured photographs of a submerged shark superimposed on arid desert landscapes. The compositions, always in triptychs, mix different situations – portraits, landscapes, details of objects, textures, TV screen recordings – creating countless possibilities for understanding a lyrical, seductive and liberating proposal.[7]

In another version, entitled "Tubarões de seda" [Silk sharks], from 2006, he prints the sharks on translucent fabrics, which are freely arranged in the exhibition space. The images intersperse or overlap when we move between them. The prevailing feeling of menace is juxtaposed with the fluidity and lightness of the water represented in the voile fabric, on which the images are presented. Immersing oneself in the installation instils contradictory feelings of attraction and repulsion, subtlety and strength, beauty and fear, representing a masterful illustration of the theories of *Peri*

Hypsous, a treatise on the sublime written in the first century by an unknown author.

In a process of constant revision of his own work, Rio Branco combines and recombines his photographs, perpetually generating new meanings that trigger new feelings in those who see them in his publications, exhibitions and audiovisual installations. To visit the light table where he edits his work is to go beyond the visible.

Endnotes:

1. Monteiro, E. 2018.Ou wè y ou pa wè y: Ladja e as máscaras do visível. PhD Thesis. Rio de Janeiro: UERJ, p. 7.
2. Interview given to the electronic magazine *São Paulo* about the exhibition "Linha d'água" at Doc Galeria (São Paulo, SP), on 10 April 2018. Available at https://saopaulosao.com.br/linha-dagua-jose-diniz-e-a-paisagem-marinha-em-pontos-abaixo-do-horizonte/.
3. *Dasartes*, 137. Disponível em https://dasartes.com.br/materias/hiroshi-sugimoto/.
4. Rembrandt's original painting, dating from 1633, was stolen from the Isabella Stewart Gardner Museum in 1990 and is still missing. However, it is represented in a frameless immersive art experience in London, where the public can venture inside the raging sea, which invades the exhibition space using AI resources.
5. Mello Breyner, S. 2015. *Obra poética*. Porto: Assírio & Alvim, p. 128.
6. Rio Branco, M. 2001. *Entre os olhos o deserto*. São Paulo: Cosac & Naify
7. Notes on the Tides. 2006. Ehxibition catalogue "Out of Nowhere". Groninger Museum, The Netherlands.

CHAPTER 3: ITAXI MIRIM – MAMANGUÁ A TIDE OF KNOWLEDGE

ROSANE QUEIROZ

Colourful baskets, bead necklaces and *caixeta* wooden animals adorn the entrance to Aldeia Itaxi Mirim, opening the way to the sea. Located along the road that leads to the village of Paraty Mirim, on the coast of Paraty, the handicrafts of the Guarani indigenous people charm visitors, who stop to learn more about their culture and buy a few pieces.

The land belonging to the Guarani Mbya – the surname that indicates this specific ethnic group – covers approximately 79.2 hectares, 35,000 of which in the Cairuçu Environmental Protection Area (APA), created in 1983 to protect both the biodiversity of the Atlantic Forest and the traditional communities that inhabit the region. In Tupi-Guarani the name Itaxi Mirim means "small stone" and reflects their ancestral connection with this place. According to the village elders, it's due to a rock located on the Rio-Santos highway (BR 101) which, under fog, appears to be covered in a white veil.

The Guarani who inhabit the south-east of Brazil settled in territories close to the sea and the Atlantic Rainforest, naming their villages after mythical elements, reasserting their connection with nature and their beliefs. The Itaxi Mirim village is currently home to 49 families, with a population of around 184 indigenous people, mostly women, children and young people. The Mbya, or "many people in one place", are known for keeping their language alive, which is transmitted orally, and for their handicrafts, which are passed down from generation to generation.

Both men and women make the handicrafts, each with their own role. For example, it is the men's responsibility to go into the forest to collect raw materials such as *taquara* and *cipó*, for basketry, and *caixeta* wood, for miniature animals They focus on baskets and sculptures, while the women make jewellery from beads and seeds and mobiles such as "dream filters", which have a web in the middle and hold the power to filter out nightmares. There are also headdresses, rattles, flutes and even miniature bows and arrows for the children. In the streets of Paraty's historic centre, it is common to see Guarani handicrafts displayed on fabrics or straw mats on the street, for sale to tourists and passers-by.

For these 49 families, handicrafts are a way of making a living or supplementing their income, but that is not all. Handmade work goes beyond the simple crafting of objects. It is also an act of cultural resistance and a way of keeping alive the social and spiritual bonds that define the existence of each community.

Valmir Miri Macena Lima, 40, as well as being a teacher at the village school, specialises in carving animal figures from *caixeta* wood. It was his father-in-law who introduced him to this art, and since then he has been sculpting small turtles, toucans and anteaters, among other animals. For Valmir, the jaguar is the most challenging piece because of the detailed design of its face and spots, which he tattoos one by one with a hot wire. "Making small animals is more hard work," says Valmir, pointing out that the value of the pieces is not measured by their size, but by the time involved in the process. "Anyone who understands art knows that it represents dedication, affection and culture," he says.

Marcelo Karai Benite, 42, learnt how to turn straw into baskets, bags and sieves from his father. Each piece is a combination of patience and ancestral memory. "I prepare the straw, dye it with aniline and braid it," he explains. He talks about the warai baskets, which hold fruit, and *ajaká* baskets, for carrying seeds. The weft begins at the bottom and works its way up the sides. The edges can be tied with vines or have an inlaid finish that is difficult to undo. The choice of colours and designs is intuitive. "I choose in my head what it will be like, on the spot, without thinking beforehand," he says.

THE SEA IS THE PATH TO THE RAW MATERIAL

The Guarani baskets are not only part of this community's material and spiritual culture. They carry sacred meanings, often expressed in religious ceremonies and rituals. The production of an *ajaká* therefore requires patience and respect for nature. The straw undergoes several stages: it is dried, sanded, dyed and finally woven into various patterns, and also used as everyday utilities. "For tourists, the basket is decoration, but for us it has the function of carrying and storing things. With the sieves, we fish for shrimp in the river," says Marcelo, one of the leaders of ACIGUA (Guarani Indigenous Community Association).

Both Macena Lima and Benite, however, face a common challenge: the growing shortage of raw materials. *Taquara*, which is essential for basketry, and *caixeta* wood, which is used to make the carved animals, are becoming rare near the village due to increasing urbanisation. This problem means that the craftsmen have to head off on expeditions to Saco do Mamanguá, an arm-shaped sea inlet surrounded by mangroves, where these materials can still be found. "The *caixeta* is found in the mangrove. We have to get into the mud, cut the wood and prepare it to fit into the boat. It's a whole day's work," says Valmir.

"The journeys are not only tiring but also costly, since they involve paying boatmen and fuelling the boats. In the end, it's expensive just to collect the material," laments Valmir. Despite the challenges, expeditions to Mamanguá also provide moments of bonding and strengthen community ties. "We live near each other, but we each have our own lives. So, we enjoy the journeys as a chance to laugh and chat," says Valmir.

The Guaranis' relationship with nature is deep and multifaceted. For them, the sea and the forest are not just resources to be exploited. In the tradition of these people, the sea represents both an obstacle and a destination, seen as a place where their ancestors believed paradise could be reached. This spiritual connection with their surroundings can be seen in every aspect of their lives, from the choice of materials for their crafts to the way they organise themselves in society. In this context, the beach is not a leisure attraction. "Those who live in the forest visit the city, those who live in the city visit the forest," jokes Valmir. Mamanguá, with its calm waters and mangroves, is the great link between Aldeia Itaxi and the ocean that surrounds them, ensuring that handicrafts continue to be a bridge between the past and present.

SMALL BOATS, BIG STORIES

In a shop in the historic centre of Paraty, a brunette woman, amid paints and brushes, is concentrating on painting a boat yellow and blue. Her name is Ana, she was born in the town, and she works at Atelier da Terra, where the famous boats of the artisans of the Saco do Mamanguá depart as souvenirs in goodie bags for tourists.

Interestingly, although the name of the shop refers to land (*terra*), everything in it is connected to the sea. The space is full of replica boats, canoes and other nautical objects, arranged as if they were in a small, crowded harbour. This contrast ends up sounding like a fusion between the dry land of Paraty, a port city, and its waters, reflecting the region's rich coastal culture. At 53 years of age, 20 of them as the establishment's manager, Ana Lúcia dos Santos Teresa is a guardian of knowledge. "Those born in Paraty have a strong connection with the sea and boats. For us *caiçaras*, they are part of our identity," she says, emphasising the inhabitants' ancestral bond with the ocean and the importance of these artefacts to local culture.

Saco do Mamanguá, known as Paraty's "tropical fjord", is a region of unique beauty in the bay, which can only be reached by boat. Its emerald-green waters and dense Atlantic Forest are home to a *caiçara* community which, as well as fishing and tourism, produces handicrafts. The name Mamanguá has Tupi roots and means "eating place" or "lunch place", reflecting the natural abundance of the region, rich in fish, shrimp and other seafood.

In Vila Cruzeiro, one of the community's beaches, the houses built into the hillside, with panoramic views of the sea, are home to a few families of craftsmen who turn *caixeta* wood into miniature trawlers, canoes and oars of assorted sizes. Initially created as children's toys, the little boats evolved into an important source of income when they attracted the attention of tourists and began to be sold in the city.

Ana explains that the Mamanguá craftspeople make sustainable use of the *caixeta* tree, which provides a light and malleable wood that is ideal for making the little boats. The wood is harvested carefully so as not to harm the local ecosystem. "They are allowed to remove the wood from the trees, but they never cut the root, so that the tree can sprout again," she says. The production, which is entirely handmade, involves a series of stages, from the collection of the raw materials in the mangroves, to the artisanal work of sculpting and finishing. "They use a simple knife, gouging and moulding the wood until they form the little boat," explains Ana about the painstaking process that transforms the *caixeta* wood into unique pieces. "The models are the same, but each craftsman has his own style, which makes each boat different."

However, the life of an artisan by the sea is not easy. Collecting *caixeta* wood means trekking great distances through the mangroves, often over muddy terrain that hinders movement, requiring them to wear special boots to avoid injury. Furthermore, the time dedicated to crafting has to be shared with other activities, making it even more challenging. "When the sea is not producing fish, handicrafts are what sustain these families," says Dos Santos.

Atelier da Terra plays a key role in publicising and preserving this tradition. The miniature boats often arrive there raw, unpainted, and customers can choose to take them as they are or have them painted by the team at the shop. "At first wasn't very skilled, but today I can do it with my eyes closed, painting has become like a therapy," says Ana. Fishing trawlers are the most popular models, as well as the typical canoes, while the Canadian canoe, a different model that they used to reproduce, almost disappeared when one of the master craftsmen took a break.

The shop not only sells the models, but also tells the story behind each one, ensuring the recognition of the artisans. "We make a point of telling people where the sculptures come from so that their names are acknowledged," says Dos Santos. She says that one of the purposes of the business is to raise the profile of these masters, because over time the number of people who dedicate their time exclusively to the craft has dwindled. Today, only four craftsmen from Vila Cruzeiro continue the tradition of carving the boats on a regular basis.

With its idyllic landscape and community of fisher-craftspeople, Mamanguá faces ongoing challenges. The lack of electricity in much of the region and the limited access make the work hard, but at the same time they help to preserve the traditional way of life. In the *caiçara* village, the rhythm of everyday life follows the rhythm of the tides, and each little boat that leaves the hands of a craftsman carries a little of this calmness. Although many of them have to split their attention with other activities, handicrafts continue to be a symbol of *caiçara* cultural power.

At Atelier da Terra, the miniature boats are more than just souvenirs. They represent a cultural heritage that connects land and sea, the livelihood of many families and a tradition that lives on thanks to the resilience of these artisans. "The challenge is to keep the masters working and recognised for their art, so that their legacy does not disappear," says Dos Santos.

With the power of the sea and the sales of Atelier da Terra, the little boats of the Mamanguá continue to sail, preserving a history that transcends generations. And, despite coming from the hands of artisans hidden between beaches and mangroves, they find a safe haven in the heart of Paraty's Historic Centre, where Dos Santos continues her mission to tell this story.

CHAPTER 4: WE SING
JÚLIO CÉSAR MENDES

Júlio César Mendes, better known as Julinho Mendes, a legitimate *caiçara*, is a schoolteacher in Ubatuba and a land surveyor. Embarking on a mission to rescue and raise the profile of contemporary *caiçara* culture, Julinho writes songs about the daily life, knowledge and traditions of these communities, which are becoming rare in the cities of the North Coast of São Paulo state. He has composed over 150 songs that speak of the *caiçara* universe; his poetry speaks of the sea, the fish, the fisherman, the cuisine, religious belief, farming, local tales and much more.

He created the musical group Cantamar, made up of musicians and artists from traditional families from Ubatuba, deeply connected to the *caiçara* traditions and festivities.

Mendes is the lead vocalist and guitarist; Claudia Gil is on keyboard, accordion, flute and vocals; Cidinha Gil, Maria Luíza Gil and Helena Sanches contribute vocals and sounds; Ângelo Zuim plays the 12-string guitar and Tarcísio Martins plays percussion. The group performs at traditional festivals in Ubatuba, Caraguatatuba, São Sebastião, São Luiz do Paraitinga, Taubaté and Paraty.

The composer has also devoted his attention to reviving the ancient and traditional Folia de Reis, which is still celebrated in the region. He fondly recalls waiting for the revelry to pass through the streets when he was a child. With their musical instruments and songs, the *caiçaras* performed from house to house, always in December, evoking the pilgrimage of the Three Wise Men to meet the newborn Jesus. The action resulted in a musical show and a CD entitled "Nos passos dos reis magos" [In the footsteps of the Three Wise Men]. In addition to the songs, the album teaches how to produce and carry out a Folia de Reis.

Another story rescued from the past is that of the Boi Bumbá in Ubatuba. Created and developed by Mendes, Boi de Conchas tells the story of the muleteers from the Luizense region who brought animals to be slaughtered at an abattoir in the city. One of the oxen escaped from the troop and went to live in the sea, later appearing with shells covering his back whenever he heard someone playing and singing on the shore.

Songs:

CANOA

Julinho Mendes
Ubatuba 21/October/2017

Canoe, take me canoe,
To the world of sea water,
Of fish, winds, of verses
Of chants, of charms.
Of the fish that follow currents,
Of the winds that blow across,
Of the verses that stem from the infinity
Of our minds.
So I sing, a song
That I wrote for her...
Canoe, my canoe,
A mother's seed that fell,
Budded on the earth,
A deepening root.
And it grows to the sky,
The plumb trunk,
The sun in sight.
A sea breeze comes,
And makes you dream,
The sea to sail.
And with a sharp axe,
In strokes she dies,
Knocking her to the ground.

The axe chops mercilessly,
The adze digging deep,
Art transforms the tree
In life for the sea.
Canoe...
Your life in the world of the sea
Our lives intertwining
In the fishing net
In the dance of the oars
In the wake of the moon
And in the shining sun.
Canoe Canoe Canoe,
In the sea... sailing.

HE WAS KING AND DIDN'T KNOW IT

Julinho Mendes
Ubatuba, 30/August/2007

His castle was made of rammed earth
Raised on sandy ground
With a gate that opened
To the sea that lived there
The sky was golden
When the morning broke
The sea was silver
When the moon rose
Freedom without borders
Of infinite riches
It was all his
He was king and didn't know it
One day progress arrived
Knocking on his gate
He wore a suit and tie
Wanting that ground of his
Just like his brothers
He sold it!
Pure illusion
He left his paradise
And went to live without emotion
He became sad and succumbed
And died of disappointment
Caiçara be strong
Don't give up your ground
There lie your roots, culture and tradition
Life of your father and brother
Your entire generation.

THIS IS HOW I MAKE THE *AZUL MARINHO* [NAVY BLUE]

Julinho Mendes
Ubatuba, 14/September/2009

If you want to learn how to make Navy Blue, take an iron pot, light the firewood; it's easier to make on a *tacuruba* stove. Grouper cut into steaks, or else *piragica* or *sororóca* (just to rhyme), but a mackerel, anchovy or fat grey mullet should not be snubbed. Salt it at least an hour in advance. Leave the *betrecha* for me, I'll eat it after and then hit the *tarimba*.

Let's look at the ingredients: Parsley, coriander, tomatoes and chilli. *Caiçara* flour and green bananas (São Tomé, *nanica* or if you can get *grumixé*, even better). Three cloves of garlic, onion, salt and oil as well as lime, and the broth will certainly turn blue. Yeah!

Now here's how to make it: Brown the onion and garlic, sauté the chopped tomato, add the banana to the boiling water to soften it, cover the pan, bring me a pinecone and then let's wait. Keep paying attention!

Once the banana has softened, add the fish, the coriander, the parsley and prepare the *pirão*; pour the broth into the flour, add some chilli for heat, squeeze plenty of lime and eat the Navy Blue to your heart's content. Yeah! One more shot of *cachaça*, please. In moderation! *Bon appetit*!

Let's not forget the legend: "If a woman falls pregnant after eating Navy Blue, her child will certainly have blue eyes."

From the *Caiçara* language:

Tacuruba: a wood-burning stove with three loose stones on which the pot rests. *Betrecha*: fish offal – gills, throat and belly. *Tarimba*: a wooden slat, the old *caiçara* bed. *Grumixé*: A variety of banana.

CHAPTER 5: OCEAN ART SCIENCE BORDER ZONE

FABIANE M. BORGES

Art-science-technology is a category of contemporary art that encompasses the digital, scientific, technological and mechatronic areas. In Brazil, one of the best-known events in the field since the turn of the century is the International Electronic Language Festival (File). Using only the art-science binomial, the aim is to create a specific field of reference between aesthetic and scientific research in its various specialities. To express itself, this category needs to establish spheres of laboratory experimentation, translate jargon from one field to another, adhere to new media (multimedia installations, digital art, virtual reality, data art, sound art, net art etc.), and sometimes invent its own language, such as between art and neuroscience.[1] Several practitioners are experts in disciplines from both domains, which facilitates their integration, but this is not always the case. Most the time, the creation of interdisciplinary environments is required to link artists, designers, scientists and technicians, to provide genuine cross-functionality and avoid the concentration of the works in a single individual. "Art and science" is a mechanism for producing interdisciplinary knowledge that extends traditional research tools, whether in the field of art, science or technology.[2] Its manufacture is driven by empirical research, data analysis and the development of new instruments, such as the construction of satellites with an Afrofuturist artistic mission, for example.[3] The area primarily innovates in the ways of using and displaying this hybrid content, adding symbolic, sign-related and subjective values to it, thus expanding its operational and communicative tools.

Issues related to emotional engagement, behavioural change, attitude-taking and new collective ideas have become increasingly frequent demands in the field of art and science, which responds accordingly by investing in interdisciplinary agency, integrating disciplines and different types of knowledge and becoming involved in the search for creative solutions to the planetary challenges that we face.[4] Some programmes are benchmarks in this field, such as, for example, The Anthropocene Project (2022), Ars Electronica (2022), TBA 21 (Thyssen-Bornemisza Art Contemporary) and the Institute for Postnatural Studies (2020). These intersections reveal reflections on the complex geopolitical production systems and their local effects. By concatenating technical and artistic resources, art has collaborated with science to generate new contemporary signs.

OCEAN ART SCIENCE

Nowadays, the ocean, a source of life and a climate regulator, is facing profound changes that affect the survival of thousands of species and environments. The sea absorbs most of the heat generated by global warming, a crucial function that is waning mainly because of the devastating industrial modes of production (and development). These cause events such as acidification, stratification and deoxygenation of the water, which in turn generates changes in the way the ocean system operates, increasing the potential for anomalies and dead zones.[5] These calamities are illustrated by the formation of artificial plastic islands and the impregnation of the ocean water with microplastics and nanoplastics.[6] The trend is for such damage to worsen with the unbridled expansion of extractivism into the seabed in search of minerals.[7] This behaviour will have predictable and frightening consequences, as highlighted by the world's most important reports on climate change, which warn of extreme events, impacts on biodiversity, worsening social inequality, rising sea levels, among other effects.[8]

Concentrated policies such as the Decade of Ocean Science for Ocean Sustainability (2021–2030), also known as the Ocean Decade, established by UNESCO, recognise that it takes more than scientific data to save the seas; movements need to be generated that engage human consciousness and change behaviour.[9] Art thus becomes a fundamental ally, translating the cold logic of scientific figures into powerful poetic narratives that can incite emotional development, produce new aesthetics of the future, promote ethical and moral values and even collaborate in the emergence of a new subjectivity that is more ecological and more oceanic.

The Ocean Decade has inspired many art and science actions around the world. On the international scene, there has been a growing number of oceanographic institutes interested in exploring the multidimensional connections between art and science, such as the EMBracing the Ocean project, an artist-in-residence programme promoted by the European Marine Board (EMB) in Oostende, Belgium, one of Europe's leading think tanks in marine science policy. The Helmholtz Institute for Functional Marine Biodiversity (University of Oldenburg) and the Hanse-Wissenschaftskolleg, Institute for Advanced Study have jointly created the "ArtWaves" artist-in-residence programme, which is planned to operate throughout the Ocean Decade, mainly in relation to the transfer of knowledge and the generation of creative solutions and applications in legislative policy. The series of events entitled "Ocean Art Science: Navigating the Pacific", the upshot of a partnership between the Institute of Arts and Humanities, Geisel Library and the Scripps Institute of Oceanography at the University of California, San Diego, crosses ocean stories extracted from old and recent archives and data visualisation, with the construction of new narratives about the future of the human-ocean relationship, engaging the general public with mobilising ideas and images.

In Brazil, the Ocean Art Science Laboratory (LACO) is an emblematic programme: it is the first art and science laboratory created within an oceanographic institute, the IOUSP. Located in Ubatuba (SP), the LACO is part of the Ocean Decade programme through the UNESCO Chair for Ocean Sustainability, which is coordinated by the Institute for Advanced Studies and the Oceanographic Institute (IOUSP), both of the University of São Paulo. The IOUSP has several marine research centres, as well as laboratories, equipment, meteorological instruments, remote sensing, vessels and other resources. The LACO promotes access to these centres and devices through open invitations to partake in various actions including exhibitions, publications, workshops, podcasts and immersive residencies, with a focus on interdisciplinary projects, connecting situated knowledge and economic, gender and racial diversity. The LACO prioritises aspects related to mental health and climate mitigation and adaptation, investing in the formation of operative groups focused primarily on the imaginary and subjective aspects of building alternatives for the future. Created by the author of this text, who is a psychologist and ocean art science researcher at the IOUSP, and by Alexander Turra, coordinator of the UNESCO Chair and professor at the same institution, the LACO launched its first open invitations in 2024, inaugurating the Laco Gallery,[10] at one of the biggest ocean art events in Brazil, the São Paulo Ocean Week/2024 (SPOW), coordinated by the UNESCO Chair and partner institutions. The role of the SPOW is to promote the dissemination of maritime knowledge, create access and social engagement, facilitate inter-institutional processes, influence public policies and encourage the development of pro-ocean projects. In this regard, the LACO is an operator of the SPOW, insofar as it articulates the engagement of art in oceanic issues, cooperating in the production of a new aesthetics and a new oceanic subjectivity.

The art exhibition featured around 300 entries and 150 works exhibited in various media of expression such as embroidery (Liliane Coelho, "Trans-bordar" series), weaving (Isa do Rosário, "Primares"), sculpture (Ricardo Barrieu, *Dolphin*), painting (Mi Araújo/Casa de cora, *Jubarte*), installation (Renata Amaral, *Refugiados*), graffiti (Waldir Age, *Ação Visual*), video art (Verediana Zurita, *IA_AI_AU_AU*), digital art (Pablo Gobira & Emanuelle Silva – LabFront – "Cardumes" series), art-science-technology (Dr. Los Reis and Fabiane M. Borges, *Technosphere, still pulses*), among many others.

Also associated with art-science-technology and the Ocean Decade, the 1st National Cryptoart Exhibition is an important reference. It was held at the Centro Cultural Banco do Brasil in Rio de Janeiro in November 2023 and in São Paulo in March 2024.[11] The show brought together academic groups, independent artists and the entertainment industry. It was conceived by Byron Mendes, founder of Metaverse Agency, Brazil's first crypto-art agency, and was curated by Marcio Harum, who selected 28 works exhibited between Rio de Janeiro and São Paulo.[12] Anaisa Franco, with *Circulatory system II*, Biarritzzz, with "Não quero deixar mais vestígios" (Oil cases); Eduardo Kac, with "Lagoogleglyph I"; Giselle Beiguelman, with "Distrópica #1"; Lucas Bambozzi, with "Mar é onda"; Marlus, with *Maré de luz: a bioluminescent walk*; Simone Michelin, with *Tiam(a)tu*; and Vitória Cribb, with "://Are you observing or being observed?" also featured. According to Byron Mendes, this exhibition forged several frontier relationships, associating the theme of the survival of Brazil's ocean coastlines with the demands of the Ocean Decade, fusing scientific research with digital art, technology art, the metaverse, virtual reality, crypto-art and economic circulation through the blockchain digital archive and the NFT label, consolidating an environment for knowledge, teaching and exchanged experiences.[13]

Among the works exhibited at the event, *Cyber Marinum* is particularly remarkable. Signed by Suzete Venturelli (Medialab/UNB), the work involved partnerships with Artur Cabral Reis (Medialab/UNB), Francisco de Paula Barretto (Icon Lab/UFBA) and Milton Terumitsu Sogabe (CAT/Unesp) with the support of Maria Luísa Fragoso, Jackson Cardoso Leite and Maria Isabel Lisita de Medeiros (Nano/EBA/UFRJ), CNPq, the Anima Research Institute and Anhembi Morumbi University. Everyone cooperated in feeding and caring for a glass tank filled with water and marine plants, simulating a natural environment. The photosynthesis of these plants was caused by projections generated by data art, which transformed the intensity of the light and the colour pattern of the environment according to the detection and conversion of signals by smart sensors, depending on the movement of the public around the tank. Renowned art-science-technology researchers from Brazil participated in the work and its collaborative and interactive nature demonstrates how inter-institutional collaboration is possible and how valuable the collective process is. The work also raises questions about the authorship of collaborative works, since science and art have somewhat different ways of valuing the issue, the former leaning more toward co-creation, provided it is duly hierarchised, and the latter being more individualised and representative. In any case, the collaboration has added value to *Cyber Marinum*, precisely because the issue of the sea is urgent and collective.

The research and exhibition work carried out at Ecoarte, linked to the Institute of Humanities, Arts and Sciences at the Federal University of Bahia (IHAC/UFBA) and coordinated by artist and researcher Karla Brunet, is also a fundamental reference for ocean art and science in Brazil. Although the research centre was not set up as part of the Ocean Decade, it is demonstrably in line with the themes of ocean literacy, which seek to transform society's relationship with the ocean through intellectual and emotional engagement.

In 2010, Ecoarte carried out its first research project: "Geographies of the Sea", a cartography of the sea created using digital technologies, built from a research method based on four main axes: physical data of the sea; interviews with sea workers; research into the deities of the sea; and observation of the aesthetics created by the movement of the sea itself, on the surface or underwater.[14] The cartography generated an interactive work based on an artistic map projected onto the floor. As the public moved around the map, different multimedia information was projected onto the venue's three walls. The parts of this series were called *Geographies of the Sea #Border*, *Geographies of the Sea #Islands*; *Geographies of the Sea #Crossing*; and *Geographies of the Sea #Iemanjá*. In 2018, Karla Brunet was a member of the team for the Mephysto/Proantar-Nordeste project, which was the winning proposal for the CNPQ Proantar programme. She took part in the 38th Antarctic Operation (Operantar) aboard the polar ship *Almirante Maximiano*, working in the project's scientific dissemination sector, documenting scientific activities, life on board and producing artistic materials. As a result of that trip, Brunet created a series of audiovisual narratives, contemplating the fields of art and science, such as the live cinema performance entitled *Ela e o Continente Gelado* [She and the Frozen Continent], at the Bahia Museum of Modern Art (MAM) and the Aleixo Belov Museum of the Sea, in 2024; and the artech audiovisual performance *Antarctica Tempo* in the city of Aveiro, Portugal, in 2021; among others. Her overarching contribution to Proantar-Nordeste, however, seems to be the creative strategies that art can promote within the field of scientific dissemination – the sector that places most demand on the field of art.[15]

The First Antarctic Art Biennial was held in 2017, with the participation of Brazilian artists Juliana Cerqueira Leite and Alexis Anastasiou.[16] Conceived by artist and seafarer Alexander Ponomarev and curated by Nadim Samman, the Biennial was supported by UNESCO and consisted of creating the first intercultural mission in Antarctica, involving around 100 people including organisers, crew members and artists, who ranged from architects to researchers, visionaries and philosophers, and who made interventions, works of art, science and technology, performances, poetic and philosophical readings and created and screened films and installations.[17] *Vestibule*, by Juliana Cerqueira, was a site-specific installation inside a ship with suspended chairs that followed the movement of the vessel. The chairs were positioned facing a large-image projection of live images from the vessel's bow all the way from Ushuaia to the Antarctic Peninsula.[18] Alexis Anastasiou produced the work *It's Cold out There*, which featured large-format projections on icebergs showing cave paintings, critical phrases and images of endangered animals, highlighting how far removed humans are from nature. The works were exhibited in an unofficial pavilion at the 57th Venice Biennale and, according to cultural producer Emily McDermott, caused a stir among artists, curators and organisers.[19] The artists' trip to Antarctica, which some considered "pointless", has been questioned; however, we think of art and culture as essential at any level of research or human growth, because their critical and propositional nature leverages often disregarded issues. Moreover, "utility", "progress" and "development" have consumed the world. We need more poetry!

TO FINISH OFF...

Art has portrayed the sea throughout human history, creating symbols for it that have been cultivated since time immemorial, such as the monstrous, abyssal ocean inhabited by metaphysical entities. Today, together with science, art can delve into the secrets of the sea with more ease and reveal the poetics of its communities, ecosystems and interaction with humanity.

It should be underlined that ocean art and science is an emerging field and, as such, needs to promote new alliances, invent new languages and assimilate distinct cultural perspectives (ethnic, economic and gender intersectionality). This is the only way it can fulfil its role of expressing the complexity of the modern world.

We hope that "ocean art and science" will indeed be capable of making use of the data as a platform and leap into the depths of the marine collective unconscious, where secrets of our own ancestry and future dwell, so as to forge a more possible (and symbiotic) destiny for all of Gaia's inhabitants.

Endnotes:

1. Santos, N.C. et al. 2020. Transdisciplinaridade | arte, ciência e neurociência: curadoria e expografia. Available at https://www.ufsm.br/laboratorios/labart/transdisciplinaridade-arte--ciencia-e-neurociencia.
2. Malina, R. 2016. Art-Science: An Annotated Bibliography. Art *Journal*, 75(3).

3. *Orisat*, by Karina Karim. Interview by Maria Clara Parente with Karina Karim, 2021. Ancient Youruba Knowledge can be used as a Pathway to Food Sovereignty. *Emerge*. Available at https://www.whatisemerging.com/profiles/karina-karim-3f52e-33f-df11-4998-89817148079-d13c3.
4. O'Neill, S.J.; Boykoff, M.; Niemeyer, S.; Day, S.A. 2013. On the use of imagery for climate change engagement. *Global Environmental Change*, 23(2):413–421. DOI: 10.1016/j.gloenv-cha.2012.11.006.
5. Santoro, F. et al. 2017. Ocean Literacy for All – A Toolkit. Paris: IOC/Unesco & Unesco Venice Office. IOC Manual and Guides, 80 revised in 2018. Available at https://unesdoc.unesco.org/ark:/48223/pf0000260721.
6. Alencar, M.V. et al. 2023. Advancing plastic pollution hotspotting at the subnational level: Brazil as a case study in the Global South. Marine Pollution Bulletin, 194(B). Available at https://doi.org/10.1016/j.marpolbul.2023.115382.
7. Turra, A. 2020. Mineração submarina com Alexander Turra. Mar sem Fim. Podcast Brasil. Jornal *Estadão*, 2020. Available at https://marsemfim.com.br/mineracao-submarina-com-alexander-turra/#google_vignette.
8. IPCC. 2023. Sections. In: Lee, H.; Romero, J. (eds.). Climate Change 2023: Synthesis Report. Contribution of Working Groups I, II and III to the Sixth Assessment Report of the Intergovernmental Panel on Climate Change. Genebra: IPCC, pp. 35-115. DOI: 10.59327/IPCC/AR6-9789291691647.
9. Santoro, 2017. Op. cit., p. 62.
10. See https://lacoiousp.wordpress.com/laco-gallary/.
11. Until the writing of this text, the exhibition was only presented in these two capitals.
12. Not all the works were in both cities.
13. Byron Mendes e Metaversidade PPGMC/UFRJ. Youtube: https://www.youtube.com/watch?v=kSszsVvXRKQ&t=88s.
14. Karla Brunet. Available at https://vimeo.com/karlabrunet; https://karlabru.net/; https://ecoarte.info/.
15. See Proantar Nordeste. Projeto Mefisto na Antártica. Available at https://proantarnordeste.net/.
16. Camarote.21. Especial Bienal Antártica. Available at https://www.youtube.com/watch?v=8r2uxxMLpjE.
17. Antarctic Biennale. 2018. Available at https://www.biennialfoundation.org/biennials/antarctic-biennale-antarctica/.
18. Juliana Cerqueira Leite. *Vestibule*. Antarctic Biennale, 2017. Available at https://vimeo.com/212724380 e em https://www.julianacerqueiraleite.com/antarctic-biennale.
19. McDermott, E. 2017. Why Did the Art in Venice's Antarctic Pavilion Shrink? To Make Room for the Curator's Own Work. ArtNet. Available at https://news.artnet.com/art-world/antarctic-pavilion-venice-2017-997916.

CHAPTER 6: FROM SEAFOOD TO CLAY

LUIZ EMANUEL MELO

THE QUILOMBOLAS OF SÃO LOURENÇO

The town of São Lourenço, a remnant *quilombo* community, is located high up on the north coast of Pernambuco, surrounded by beaches that border a deep and fertile sea. Fishing is the main source of income there, but the heartbeat of the community is in the hands of the women. It is they who catch and delicately process the shellfish, removing the meat from the shell with the patience of those who understand the secrets of the ocean. Traditionally, the sales have always been handled by the men, while the shellfish shells were cast aside, used only for tiling streets and pavements, or to decorate walls.

It was from this simplicity that the idea of liberating women from this male-dominated economic cycle arose. The creation of the Technological Vocational Centre, CVT Marisqueira, built as a working school with the participation of young people from the community, has brought a new perspective. Materials such as polystyrene, shellfish shells and cement were used to build walls, doors and windows, laying the foundations for a silent and powerful transformation.

The journey was kick-started with a photography course for children, young people and women, run by the O Imaginário Design Laboratory of the Federal University of Pernambuco – UFPE. The resulting exhibition portrayed the rhythm of the community: the football teams, the church, the vibrant landscapes and the people who form the identity of the place. From that point on, eyes naturally turned to the women and, of course, to the abundant shellfish shells that had previously been undervalued.

With the focus on women, new paths emerged. Handmade paper made of shellfish fragments and used for modelling objects, was one of the first attempts to give new life to the shells. Paper printing techniques were also experimented. However, it was the creation of shellfish accessories that consolidated the group and gave rise to the Quilombolas de São Lourenço brand.

The business, however, progressed to the rhythm of the local life. Iara, with small children who were still breastfeeding, went at her own pace. Conceição divided her time between her church duties, and Cecília, always cheerful and curious, was expecting her twin daughters. The artisans' daily lives, full of nuances and challenges, have been marked by courses in product development, entrepreneurship and communication. The creation of fashion collections incorporating the local fishermen's woven nets reinforced the community's identity roots.

The CVT – Marisqueira became the centre of this transformation, deepening the women's involvement and strengthening the group's autonomy. It was a laborious journey which threw up challenges for several artisans. Lenita, skilful and restless, ventured into other work relationships and was hired by Jeep. Nonetheless, her essence brought her back to handicrafts, even though her flights took her to São Paulo. Even at a distance, Lenita maintains a close bond with the group, helping Cecília with social media posts.

The Quilombolas of São Lourenço found other ways to widen their achievements. Some women brought their crochet and fishing net making skills to create new products, while others, who were not directly involved in craft production, helped with sales at fairs and exhibitions. Thus, the Quilombolas de São Lourenço brand gained visibility and consolidated its trajectory, taking the fruits of its labour to high-profile events such as São Paulo Fashion Week and Fenearte.

This presence at fashion shows and fairs was crucial in fortifying the brand's prestige in the fashion and craft sectors. In 2024, the group was awarded the Inspira Prize by the Neoenergia Institute, an achievement that not only recognised the quality of its work, but also highlighted the social and cultural impact of its production. The Quilombolas de São Lourenço brand is not just a source of income; it is an emblem of resistance, creativity and community transformation.

However, the road to full economic sustainability is still long. "It's difficult to make a living from handicrafts alone in Brazil. We have fought hard and overcome many barriers. We're winners for everything we've achieved, but we still can't make a living just on it," says Cecília, with the lucidity of someone who knows that the struggle continues.

The work of the São Lourenço Quilombolas is more than an income-generating initiative. It exemplifies the respectful fusion of academic and popular knowledge, creating a profound dialogue between tradition and innovation. Their products carry the history of a people and the promise of a more prosperous future, not just for the women involved, but for the whole community. As Conceição, one of the artisans, describes it: "It's our life." This simple statement encapsulates the deep meaning that the handicrafts have for these women: an expression of identity, strength and hope.

CABO DE SANTO AGOSTINHO

Some historians argue that the landform known as Cabo de Santo Agostinho (St. Augustine's Cape) was the first point spotted by navigators in Brazil, specifically by the Spaniard Vicente Pinzón, even before Pedro Álvares Cabral. Although there is no consensus on this theory, it adds a fascinating chapter to the narrative of the arrival of Europeans in Brazil.

Cabo, however, holds other treasures besides a non-consensual prelude. It is a land characterised by agricultural tradition, with sugar cane having shaped its landscape and people for centuries. The mills that still dot the horizon are silent witnesses to the past, ruins of a time when the sugar cane cycle dictated the rhythm of life. But it is in the ravines and massapê soil that Cabo finds its most primitive and visceral expression: handmade ceramics.

Massapê clay, of a rare and unique quality, has given form not only to pots and vases, but also to a deeply rooted cultural trait. As ceramist Mestre Uruda rightly points out, "clay has a cultural trait. The clay used in Caruaru is different from that in Cabo". Each piece of clay is loaded with stories; it dictates the shapes and gestures of the artisans; it reverberates the ways of making that cross generations.

Researcher Flávia Lira recorded interviews with the older potters giving their accounts:

The utensils, such as pots and pans, come from Engenho Massangana, where the pieces were made by hand modelling (without the use of a lathe) and known as black ceramics, so called because it was a style of production brought by the black Africans who were slaves at the time.[1]

Abiude, a potter whose memory still echoes among the artisans, recalled a time when the bowl was a simple clay artefact,

it was the disposable plate of the time, because the sugar cane workers used it to eat their meals in the fields and left it there, as it was very cheap.

Made to serve meals in the sugarcane fields, the bowl was abandoned in the very soil from which it had been generated, returning to the cycle of nature, so modest and common that its ephemerality was part of its essence.

The continuity of this centuries-old tradition rests in the hands of Celestino, or Mestre Celé, as he is known. The son of a potter, he set up his pottery in the Mauriti neighbourhood, transforming clay into life and livelihood. Its space, once a sea of kilns and artisans, with a thousand square metres of covered area and the help of 56 potters, became a stronghold of cultural resistance.

Then came the difficulties to get hold of clay, firewood, the arrival of Ibama, after Suape bought the whole area, where the clay was extracted, that's when the difficulties came. I got to the point of stopping all this. I was already wanting to leave, to go back to Ceará or Bahia, I wanted to leave,

Celé recalls. But he stayed, anchored to his land and tradition.

Mestre Celé not only stayed, but also resisted, sharing his space with other artisans, teaching the craft and his philosophy. As he used to say, "I'd round up the kids with nothing to do and get them to burnish the pieces", that is, finish the surface with a stone, and by doing that keeping them away from "bad company on the streets". His disciple, Mestre Nena, reflects: "Thanks to Mr Celé I could give something to people".

Gradually, however, the production of jugs and water filters proved insufficient to bring in the desired financial return. The abundance of clay and the craftsmen's skill were inversely proportional to the added value of their products. The search for new markets and new forms became inevitable. The booming tourism in Cabo was promising, but the technological limitations of the firing prevented the waterproofing of tableware, a basic requirement for its use in bars and restaurants.

An attempt was made to apply red lead-based paint, to escape the stalemate. However, the price was too high: the toxicity of lead, which permeated the air during firing or contaminated food in contact with heat, forced them to abandon this solution.

That's when the O Imaginário Design Laboratory at the Federal University of Pernambuco stepped in, taking on the challenge of understanding the reality of the small potteries in Cabo. At one of the first meetings, craftsman Zé da Charneca let off steam: "I don't know why I work so hard and earn so little". His question echoed like a manifesto of the harsh reality experienced by so many artisans. From that point on, minor changes began to be implemented: from redesigning the workshop layout to adjustments that minimised effort and losses.

Once again, Celé was a pillar of the process. "He was the one who set up the chairs and fetched the artisans to take part in the meetings," recalls Mestre Nena. New products began to emerge, inspired by local references and the valorisation of individual skills, but always with a collective eye.

The Laboratory remained active in Mauriti for more than a decade. At the same time, the first inroads were made into more suitable clay processing and firing technologies. A doctoral thesis dedicated to red ceramics provided solid foundations for an in-depth understanding of the firing and glazing processes.

The need became clear for a space equipped with a pugmill, a "resting" place for the clay, ovens, laboratories to develop natural glazes and, above all, gas and electric kilns to definitively avoid wood burning. This effort resulted in the birth of the Arqto. Wilson de Queiroz Campos Júnior Handicraft Centre, better known as the Cabo Handicraft Centre. However, as Celé says, time was relentless:

the Centre was built, but it took a long time to complete the project, the whole process. Then a potter died... Abiude... and others left, and then there was me... when the Centre was finished my wife fell ill, so I couldn't work, Cleber also fell ill, and we couldn't carry on.[5]

The Handicraft Centre, however, represented a new stage. Mestre Nena took on the leadership role, following in Celé's footsteps with the same generosity. Women took on more prominent roles with the introduction of barbotine, or ceramic slip, a liquid clay mixture used for moulding or decorating the pieces. Cida, Cristina and Marisa became part of the group, bringing their unique skills and perspectives, while the lathe continued to be mostly operated by men.

Participation in the National Handicraft Business Fair – Fenearte, the largest event of its kind in Latin America, bears witness to the importance of the Handicraft Centre's products and artisans. Their products are now valued not only for their technical quality, but also for the deep expressive content of the kitchenware, figurative and decorative artefacts. In 2015, Nena was honoured with the title of Master by the State Government, earning him a special exhibition space among the select group of 64 masters of the Alameda dos Mestres.

Cabo handicrafts are an eloquent example of the symbiosis between designers and artisans, in which the dialogue between academic and popular knowledge has built sustainable and creative solutions. These are reflected both in the products and production methods and in the strengthened autonomy of the group, whose practices have a direct impact on the development of their territory.

Endnotes:
1. Statement collected by the author in an interview on 30 August, 2024.
2. Lira, F. 2006. O que guardam os potes. Um olhar sobre a cerâmica artesanal do Cabo de Santo Agostinho. Bachelor of Design course completion work. Recife: Universidade Federal de Pernambuco
3. Andrade, A. 2015. A gestão de design e o modelo de Intervenção de Design para ambientes artesanais: um estudo de caso sobre a atuação do Laboratório de Design O Imaginário /UFPE nas comunidades produtoras de artesanato Cana-Brava, Goiana, e Centro de Artesanato Wilson de Queiroz Campos Junior, Cabo de Santo Agostinho. PhD Thesis. Recife: Universidade Federal de Pernambuco
4. Statement collected by the Laboratory during work meetings.
5. Idem.
6. Ibidem.

CHAPTER 7: A DIVE INTO NAÏVE ART

TATIANA LEVY & JACQUELINE A. FINKELSTEIN

To say that naïve art is a testimony to humanity is no exaggeration. We could consider that naïve art is found at the birth of art and call her the mother of all painting, since the art of the prehistoric era was the cradle of naïve art and therefore of all art.

Lucien Finkelstein

Naïve art refers to the production of self-taught artists, who mainly make paintings, but also sculptures, embroideries and collages. Although controversial, many find the term meaningful and valid. In this complex, profound and unique universe, it is easier to identify naïve painters than naïve painting itself. This art, two-dimensional and unconcerned with depth or proportion, rejects academic standards and stands out for its striking figurative and multiple aspects.

Lucien Finkelstein, collector, great researcher of this universe and founder of the International Museum of Naïve Art in Brazil, said that above and beyond naïve art, there are naïve artists. Each one is a separate universe, an ocean of creativity, with unique styles and strategies. The painter Gerson, a naïve artist by nature and vocation, always left the phrase "each individual is a universe" on the back of his paintings.

Deeply connected to the issues of our time, this kind of artwork not only addresses themes such as politics, affirmative action, gender, regional and cultural diversity, but also reflects the urgency of environmental issues.

This artistic genre has become a privileged space to narrate the achievements and challenges of the people, as well as to highlight the importance of protecting the environment, integrating this concern into visual narratives. This demonstrates the dynamism and continuous transformation that characterise both art and naïve artists.

In the works chosen to weave a network between the ocean and naïve art, an aesthetic and image connection cuts through myriad pictorial strategies, expressed both thematically and through colour, form, candour and criticism. Despite their technical diversity, the works maintain a harmony that speaks to common commitments: the preservation of man's relationship with nature and the expression of the Brazilian soul.

It's crucial to remember our origins and artistic roots while proposing new perspectives for a more sustainable and environmentally connected future. Being a naïve artist is therefore an act of connection, expression and responsibility, reflecting diversity and a close relationship with nature and the ocean.

LIA MITTARAKIS

The biographies of some of the artists chosen for this work merge into their most recurrent themes. Lia, for example, lived surrounded by the Atlantic Ocean for most of her life. Her everyday references are probably connected to the sound of the waves, the fauna and flora, the tone of the sea water... Perhaps it was due to this influence that she painted her mountains blue, that all her paintings featured seagulls as if they were her signature and that she painted so many aquatic animals...

Mittarakis portrayed Rio de Janeiro from the sea, from the island of Paquetá, where she lived and raised her daughters. She explored this scenery extensively, and it gave rise to the creation of many works that depict practically the entire city, its neighbourhoods, monuments and most important public places.

MIRANDA

Born in Maceió, Miranda started working at the age of nine but discovered himself as a painter in his sixties. The sea has been a constant presence in his life: he was a shellfish gatherer and a stevedore. His work reflects the connection he had with water, perhaps the masses of people in his paintings were a reference to the liquid mass that surrounds his hometown, to the countless harbour quays and ships he created, to festivals by the sea, to the beaches, all of which are repeatedly represented in his works.

GERSON

Gerson was born in Recife and painted from an early age. As a postman by profession, his paintings featured a wide variety of images. He was the dream walker, bringing characters of all styles to his canvases, from the cangaço series to the women of Ágora, from clowns to sailors, from outer space to the seas and oceans. Gerson was a painter with a popular soul.

ODOTERES OZIAS

Hailing from Eugenópolis, Minas Gerais, Ozias was a retired railway worker and evangelical pastor who began painting at the age of 66, using his fingers and wooden sticks as brushes. The countryside landscapes of his childhood, trains and religiosity are common themes in his work. When he moved to Rio de Janeiro in 1980, the sea, the harbour, sailors and fishing boats began to feature in his unique two-plane language and vibrant colours. Ozias died in 2010, and since 2018 his work has attracted interest from the art world and been exhibited in museums and major galleries around the world.

FÁBIO SOMBRA

This multi-artist from Rio is a painter, writer, poet, composer, illustrator, tourist guide and lawyer. His art displays a perfect balance of volume and colour, and Paraty, the Costa Verde, tourist attractions and Brazilian festivities feature prominently in his works.

CHICO DA SILVA

Probably one of the greatest exponents of Brazilian naïve art, da Silva was born in Acre and was semi-literate. As a boy, he played on the sandy beaches and collected all the elements he could find there to use in his paintings on the walls of his town. He was discovered by Jean Pierre Chabloz, a Swiss art critic, pedagogue and illustrator who lived in Brazil between 1930 and 1980, who encouraged him to paint. His imagination and pointillism gave rise to fantastic animals, dragons, fish and birds. He took part in the São Paulo and Venice biennials, with an Honourable Mention in both, and is recognised worldwide.

CHAPTER 8: MARÉ MOBÍLIA

GONÇALO IVO

CLEPSIDRA

For Nuno Ramos

I

Back to the world of entropy. *Maré mobília* [Tide Furniture] is a theatrical proposition about the role of the tide, a cyclical phenomenon that obeys the cadence of suspended stars. We glimpse certain trivial objects from our daily lives. The characters are part of a curious second-hand shop: a table, a bed and its slats, an ordinary industrial wooden box, a wardrobe, the sea, the sky in its immensity, time. At low tide, I hear the silent voice of the water and of immobile beings, who seem to emerge from a marginal space-time, perhaps a tale by Marques Rebelo or the monumental *O cortiço*, by Aluísio de Azevedo.

II

It was the winter of 1977 and the urban planner and architect Carlos Nelson Ferreira dos Santos, a friend and advisor with whom I worked for several years, told me a story about the removal of the residents of the Catacumba or Praia do Pinto favela a few years earlier, which would be decisive in the epitaph I would coin as an architect and urban planner. At the time, Sandra Cavalcanti was waving the banner of ethical-aesthetic "cleanliness", associated with the rationalist thinking that was so in vogue in 1950s-1960s Brazil. The dream consisted of Tradition, Family and Property.

When he arrived in Brás de Pina, a desolate and melancholy suburb of Rio de Janeiro, he witnessed the belongings of one of the recently expelled families being unloaded and was struck by the extreme rationality of those people who had just undergone a trauma and were trying to rebuild something. The meagre furniture they had was only duly arranged after a heated argument about where it should go. Once this was done, they went on to build the internal walls of the new dwelling, giving shape to what we routinely call a home.

I remember to this day that it took more than a decade of socialising with Carlos Nelson for me to perceive the stereotype of rationalism in architecture. I think, for example, of the Swiss Le Corbusier and his dogmatic truths, which have become for me the entrails of sands and mangroves drenched in successive tides of doubt. Reason cannot fight the power of nature. There are no machines to live in, we don't learn from ships, which, incidentally, are often wrecked. Nature is the great and glorious ingenuity.

III

THE SEA OF THE DEAD

My silence reveres the serene green waters of Maceió. I decided to extinguish myself in the sea. During the day, its existence is sovereign and luminous. In the mysterious early hours of the morning, there is always a big wave that crosses it, crashing against a rock or an emigrant boat. How many bodies are kept in this amorphous ether-like being, which, unaccompanied by stars or the moon, treacherously takes human life into its dark depths?

IV

PILGRIMS

We are castaways of eternity. We won't save our lives or our belongings. Upstream and downstream are the cadence of existence, like day and night, the phases of the moon and the seasons.

The sea that sweeps away everyone's furniture holds no remorse or modesty. A distant echo of the subterranean oceans of Saturn's Titan and Jupiter's Europa, it can only be seen in its shadows and total eclipses, in the blackened moonlight and in the adventurous fishermen who return happily to their harbour.

Paris, 21 October 2024.

BIBLIOGRAFIA

BIBLIOGRAPHY

ARTE E CIÊNCIA OCEÂNICA

BIBLIOGRAFIA ADICIONAL

Beiguelman, G. 2023. Inteligência artificial como phármakon: a arte algorítmica entre o remédio e o veneno. *Rapsódia*, 1(17):161–174. DOI: 10.11606/issn.2447-9772.i17p161-174. Disponível em https://www.revistas.usp.br/rapsodia/article/view/219844.

Bishop, R.; Roy, T. 2020. Frictionless Sovereignity and Oceanic Claim: Bio-Aesthetic Engagements. *Boundary* 2, 5(2). Disponível em boundary2.org/frictionless.sovereignity-dossier.

Borges, F. 2022. *Space Art and Culture in Brazil: Three Years of Activities at the National Institute for Space Research.* Disponível em: https://www.makery.info/en/2022/09/15/english-space-art-and-culture-in-brazil-three-years-of-activities-at-the-national-institute-for-space-research-1-2/.

Brunet, K. 2021. *Artemídia e Meio Ambiente – Media Art and Environment.* Salvador: Ecoarte/UFBA. Disponível em: https://ceiarteuntref.edu.ar/wp-content/uploads/2021/12/livro_ecoarte_online_ok_Karla-Brunet.pdf.

Brunet, K. 2022. Arte e ciência na Antártica: práticas artísticas de divulgação científica / Art & Science in Antarctica: Artistic practices of science outreach. In: *Proceedings of the 10th International Conference on Digital and Interactive Arts (Artech '21)*, Article 5, pp. 1-5. DOI: 10.1145/3483529.3483534. Disponível em: https://doi.org/10.1145/3483529.3483534.

Domingues, D. 2009. *Arte, ciência e tecnologia: passado, presente, desafios.* São Paulo: Unesp.

Dybas, C.L. 2019. A New Wave – Science and Art meet in the Sea. *Oceanography*, 32(1):10–12. Disponível em: https://www.jstor.org/stable/26604937.

Felinto, E.K; Fernandes, C.S. 2024. *Veredas da imaginação, territórios do imaginário.* Porto Alegre: Sulina.

Figueiredo, R.C.C. 2022. Estudos de infraestrutura e práticas artísticas: reconhecendo entrecruzamentos. *Lumina*, 16(2):5–22. DOI: 10.34019/1981-4070.2022.v16.34342. Disponível em: https://periodicos.ufjf.br/index.php/lumina/article/view/34342.

Gasparetto, D.A. 2014. Arte-ciência-tecnologia e sistemas da arte na era da cultura digital: contexto Brasil. *Palíndromo*, 6(11):79-97. DOI: 10.5965/2175234606112014079. Disponível em: https://www.revistas.udesc.br/index.php/palindromo/article/view/2175234606112014079.

Haraway, D. 2013. Situated knowledges: the science question in feminism and the privilege of partial perspective. In: *Women, science, and technology.* Londres: Routledge, pp. 455-472.

IPCC. 2019. Summary for Policymakers. In: Pörtner, H.-O.; Roberts, D.C.; Masson-Delmotte, V.; Zhai, P.; Tignor, M.; Poloczanska, E.; Mintenbeck, K.; Alegría, A.; Nicolai, M.; Okem, A.; Petzold, J.; Rama, B.; Weyer, N.M. (eds.). *IPCC Special Report on the Ocean and Cryosphere in a Changing Climate.* Genebra: IPCC.

Jung, J. et al. 2022. Doubling Down on Wicked Problems: Ocean ArtScience Collaborations for a Sustainable Future. *Frontiers in Marine Science*, 9. DOI: 10.3389/fmars.2022.873990.

Kac, E. 2007. Signs of Life: Bio Art and Beyond. Cambridge: MIT Press.

Malina, R. 2017. *Welcoming Uncertainty: The Strong Case for Coupling Art to Science and Technology.* DOI: 10.1515/9783990437186-004. Disponível em https://www.degruyter.com/document/doi/10.1515/9783990437186-004/html.

Paglen, T. 2012. *The Last Pictures.* Berkeley: University of California Press.

Parisi, L.; Thornton, L. 2012. Connecting the local with the global: Transnational feminism and civic engagement. *Feminist Teacher*, 22(3):214-232.

Ribeiro, W. 2023. Territórios sensíveis: ecologias e corpos emergentes em práticas artísticas situadas. *Revista Visuais*, 9(1):64-75.

Wilson, S. 2002. *Information Arts: Intersection of Art, Science and Technology.* Cambridge: MIT Press.

LINKANIA

Ars Electronica. Welcome to Planet B, 44º Festival, Linz/Áustria, 2022. Disponível em: https://ars.electronica.art/planetb/de/.

ArtWaves - Helmholtz Institute for Functional Marine Biodiversity at the University of Oldenburg (HIFMB) and the Hanse-Wissenschaftskolleg, Institute for Advanced Study (HWK). Disponível em: https://hifmb.de/transfer/art-science/air/.

Byron Mendes e Metaversidade PPGMC / UFRJ. Youtube: https://www.youtube.com/watch?v=kSszsVvXRKQ&t=88s.

Cyber-Marinum Nano (Núcleo de Arte e Novos Organismos) PPGAV/UFBA. Disponível em: https://nano.eba.ufrj.br/cyber-marinum/.

Ecoarte/IHAC/UFBA. Disponível em: https://ecoarte.info/you-are-the-ocean-ozge-samanci-e-gabriel-canigla/.

FILE – Festival Internacional de Linguagem Eletrônica. Disponível em: https://file.org.br/.

Graphic Ocean. Disponível em: https://www.graphicocean.org/.

Institute for Postnatural Studies. Disponível em: https://www.instituteforpostnaturalstudies.org/.

IPCC Reports. Disponível em: https://www.ipcc.ch/.

I Mostra Nacional de Criptoarte – Década do Oceano – Rio de Janeiro, novembro de 2023 e São Paulo, março de 2024. Disponível em https://www.artequeacontece.com.br/evento/decada-dos-oceanos-la-mostra-nacional-de-criptoarte-no-ccbb-rj/; https://ingressos.ccbb.com.br/decada-dos-oceanos-i-mostra-nacional-de-criptoarte__1574; https://ccbbstg.blob.core.windows.net/site-prod/2024/05/Decada-Oceanos-cat-port-final.pdf.

LabVerde – preservação da sociobiodiversidade dos ecossistemas naturais da Amazônia. Disponível em: https://www.labverde.com/.

Oceans in Transformation Territorial Agency – John Palmesino and Ann-Sofi Rönnskog_c_Giorgio Fiorese. Linz, Austria, 22/10/2021. Disponível em https://ars.electronica.art/aeblog/en/2022/02/23/starts-prize-2022/ e em https://www.territorialagency.com/oceans.

Ocean Action. Disponível em: https://oceanaction.pt/.

Plataforma de arte e ciências espaciais realizada no Instituto Nacional de Pesquisas Espaciais/Brasil. Disponível em: https://sacieartscience.wordpress.com/.

Sesi Lab. Disponível em: https://www.portaldaindustria.com.br/sesi/sesi-lab/.

Terrestrial Agency (John Palmesino and Ann-Sofi Rönnskog_c_Giorgio Fiorese). Disponível em: https://www.territorialagency.com/oceans.

The Anthropocene Project. Disponível em: https://www.anthropocene-curriculum.org/.

Tropixel (Festival). Disponível em: https://wiki.ubatuba.cc/doku.php?id=tropixel:sementes_programa.
Zaika dos Santos. Afroturismo – arte e inteligência artificial. Disponível em: https://forbes.com.br/forbes-tech/2024/04/nao-vejo-robos-humanoides-a-partir-do-medo-mas-sim-como-arte-diz-zaika-dos-santos/; https://afrofuturismo.tech/; https://pt.wikipedia.org/wiki/Zaika_dos_Santos.

CURRÍCULOS

RESUMÉS

UM MERGULHO NA ARTE *NAÏF*

Finkelstein, L. 2001. *Brasil naïf – arte naïf: testemunho e patrimônio da humanidade*. 1ª. ed. Rio de Janeiro: Novas Direções.
Finkelstein, L. 1996. *Os futuros grandes da arte naïf: Ricardo de Ozias, a arte naïf do pastor evangélico*. Exh. cat. Rio de Janeiro: Museu Internacional de Arte Naïf do Brasil, p. 9.
Finkelstein, J.; Levy, T. 2016. *Jogando com as cores naïf*. São Paulo: Base –7.

ALEXANDER TURRA

É professor titular do Instituto Oceanográfico da Universidade de São Paulo e coordenador da Cátedra Unesco para a Sustentabilidade do Oceano, sediada no Instituto Oceanográfico e no Instituto de Estudos Avançados da Universidade de São Paulo. É biólogo com mestrado e doutorado em Ecologia pela Universidade Estadual de Campinas. Sua atuação se volta para o exercício da pesquisa interdisciplinar e integrada, com foco em temas como governança, manejo integrado e conservação marinha, impacto ambiental marinho, mudanças climáticas, poluição marinha (lixo nos mares) e biodiversidade marinha.
He is a professor at the Oceanographic Institute of the University of São Paulo and coordinator of the UNESCO Chair for Ocean Sustainability, based at the Oceanographic Institute and the Institute for Advanced Studies of the Universidade de São Paulo. He is a biologist with a master's degree and doctorate in Ecology from the Universidade Estadual de Campinas. His activities focus on interdisciplinary and integrated research, mainly on topics such as governance, integrated management and marine conservation, marine environmental impact, climate change, marine pollution (garbage in the seas) and marine biodiversity.

ENRICO MARONE

Fotógrafo, documentarista, oceanólogo e mergulhador, é reconhecido pelo registro de populações tradicionais costeiras, ribeirinhas e indígenas, das áreas protegidas e da biodiversidade em suas múltiplas formas. Publicou seu primeiro livro autoral em 2010 e realizou a edição fotográfica de numerosas publicações, além de contribuir com instituições como Unesco, IUCN, ICMBio, Conservação Internacional, TNC, National Geographic Brasil, entre outras. Nascido em São Paulo, atua no terceiro setor para promover a conservação marinha no Brasil e no mundo.
Photographer, documentary filmmaker, oceanologist and diver, he is recognized for recording traditional coastal, riverside and indigenous populations, protected areas and biodiversity in its multiple forms. He published his first authorial book in 2010 and edited photographs for numerous publications, in addition to contributing to institutions such as UNESCO, IUCN, ICMBio, Conservation International, TNC, National Geographic Brasil, among others. Born in Sao Paulo, he works in the third sector to promote marine conservation in Brazil and around the world.

FABIANE M. BORGES

É psicóloga clínica, pesquisadora e curadora de arte e ciência. Dedica-se aos estudos da subjetividade, na intersecção com arte-ciência-tecnologia, emergência climática e sustentabilidade. Assina artigos para publicações nacionais e internacionais, com temas relativos à psique humana diante das mudanças de paradigmas tecnocientíficos da contemporaneidade. Tem desenvolvido uma série de projetos institucionais, como no INPE e USP, aproximando estudos da subjetividade com projetos artísticos e tecnocientíficos. É responsável pela proposição de festivais que articulam esses temas, como Tecnoxamanismo e Comuna Intergaláctica, e programas que articulam arte e clínica, como o Futuros Sequestrados X o Anti-sequestro dos Sonhos. Fez graduação em Psicologia (Urcamp/RS), mestrado e doutorado em Psicologia Clínica na PUC/SP (Capes).
She is a clinical psychologist, researcher and curator of art and science. She studies subjectivity, at the intersection of art-science-technology, climate emergency and sustainability. She is the author of articles for national and international

publications, with themes related to the human psyche in the face of changes in contemporary techno-scientific paradigms. She has developed a series of institutional projects, such as at INPE and USP, bringing subjectivity studies closer to artistic and techno-scientific projects. She is responsible for proposing festivals that articulate these themes, such as Technoshamanism and Intergalactic Commune, and programs that combine art and clinic, such as Futuros Sequestrados X o Anti-sequestro dos Sonhos. She graduated in Psychology (Urcamp/RS), Masters and Doctorate in Clinical Psychology at PUC/SP (CAPES).

GONÇALO IVO

Estudou pintura com Aluísio Carvão e Sérgio Campos Melo e formou-se em arquitetura pela Universidade Federal Fluminense. Foi professor do Departamento de Atividades Educativas do Museu de Arte Moderna do Rio de Janeiro e da Escola de Belas Artes da Universidade Federal do Rio de Janeiro – EBA/UFRJ. Divide seu tempo de trabalho entre os ateliês em Teresópolis, Madri e Paris. Sua obra está presente em coleções importantes como Bibliothèque Nationale de France; Museum of Latin American Art, Long Beach; Museu de Arte Contemporânea de São Paulo; Museu de Arte Contemporânea de Niterói; Museu de Arte do Rio de Janeiro – MAR; Union des Banques Suisses Collection e JP Morgan Collection, entre outras.
Ivo studied painting with Aluísio Carvão and Sérgio Campos Melo and graduated in architecture from Universidade Federal Fluminense. He was a professor at the Department of Educational Activities at the Museum of Modern Art in Rio de Janeiro and at the School of Fine Arts at the Universidade Federal do Rio de Janeiro – EBA/UFRJ. He spends his working time between studios in Teresópolis, Madrid and Paris.
His work is in important collections such as Bibliothèque Nationale de France; Museum of Latin American Art, Long Beach; São Paulo Museum of Contemporary Art; Museum of Contemporary Art of Niterói; Museu de Arte do Rio – MAR; Union des Banques Suisses Collection; and JP Morgan Collection, among others.

JACQUELINE A. FINKELSTEIN

É museóloga graduada pela UniRio. Foi diretora fundadora do Museu Internacional de Arte Naïf de 1993 a 2016. Presidiu a Fundação Lucien Finkelstein, é responsável pela manutenção do MIAN e é a gestora do acervo. Apaixonada por arte *naïf*, é madrinha do Minimian, Mini Museu de Arte Naïf de Paraty e membro do júri do Festival Internacional de Arte Naïf (Fian). É curadora de exposições e participa do júri da Bienal de Arte Naïf.
Finkelstein is a museologist graduated from UniRio. She was the founding director of the International Museum of Naive Art (MIAN) from 1993 to 2016. She presided over the Lucien Finkelstein Foundation, and is responsible for maintaining the MIAN as well as for maneging the collection. Passionate about naive art, she is the godmother of Minimian, Mini Museum of Naive Art in Paraty and member of the jury of the International Festival of Naive Art (FIAN). She curates exhibitions and participates in the jury of the Naïve Art Biennial.

JOSIVAN RODRIGUES

Nascido no Recife, em 1977, é fotógrafo e mestre em Design da Informação pela Universidade Federal de Pernambuco (UFPE). Desde 2012 tem atuado no campo da fotografia e da produção cultural. É autor dos livros *Buenos Aires, Brasil* (2013), *Cobogó de Pernambuco* (2013), *Imagens do Recife – Pontes* (2013) e *Imagens do Recife – Ruas* (2015), os dois últimos produzidos a partir do acervo fotográfico do Museu da Cidade do Recife.
Born in Recife, in 1977, he is a photographer and holds a Master's degree in Information Design from the Federal University of Pernambuco (UFPE). Since 2012 he has worked in the areas of photography and cultural production. He is the author of the books *Buenos Aires, Brasil* (2013), *Cobogó de Pernambuco* (2013), *Imagens do Recife – Pontes* (2013) and *Imagens do Recife – Ruas* (2015), the latter two produced based on the photographic collection of the Museu da Cidade do Recife.

JÚLIO CÉSAR MENDES

Caiçara, criador de grupos folclóricos/musicais (bumba-meu-boi, folia de reis, blocos carnavalescos); pintor primitivista, artesão, contador e escritor de causos e crônicas (com contribuições em jornais, revistas e na Enciclopédia Caiçara, vol. V, organizada pelo antropólogo Antonio Carlos Diegues – USP), compositor (sambas de enredos, marchinhas e musicas de raiz, com CD's: "Caiçarando", "Auto do Boi de Conchas" e "Cantamar"), percussionista, ex-presidente do Museu Caiçara. Com seu "Balaio Caiçara", em trabalho voluntário, faz palestras sobre a cultura caiçara nas escolas públicas e particulares do município. Coordenador do grupo cultural Cantamar.
Caiçara, creator of folklore/musical groups (*bumba-meu-boi*, *folia de reis*, carnival blocks); naive painter, craftsman, story teller and writer of stories and chronicles (with contributions to newspapers, magazines and the Enciclopédia Caiçara, vol. V, organized by the anthropologist Antonio Carlos Diegues – USP), composer (*sambas*, *marchinhas* and roots music, with CDs: "Caiçarando", "Auto do Boi de Conchas" and "Cantamar"), percussionist, former president of the Caiçara Museum. With his "Balaio Caiçara", in voluntary work, he gives lectures about *caiçara* culture in public and private schools in the municipality. Coordinator of the Cantamar cultural group.

LUIZ EMANUEL MELO

Pernambucano de Caruaru, economista, consultor financeiro; escritor bissexto.
Born in Caruaru, Pernambuco, Melo is an economist, a financial consultant; occasional writer.

MARCIA MELLO

É curadora independente e bacharel em letras pela Universidade Federal do Rio de Janeiro, além de pesquisadora e conservadora de fotografia. Participou da implantação do Departamento de Fotografia do Museu de Arte Moderna do Rio de Janeiro com Pedro Vasquez. Entre 2006 e 2015 foi diretora da Galeria Tempo no Rio de Janeiro. Assinou a curadoria de exposições na Casa Roberto Marinho, Espaço Cultural BNDES, Museu de Arte do Rio e Paço Imperial, entre outros espaços culturais. Autora dos livros *Artistas fotógrafas em Alagoas – territórios poéticos em expansão* (Melani Editora), *Refúgio do olhar, a fotografia de Kurt Klagsbrunn no Brasil dos anos 1940* (Casa da Palavra) e *Só existe um Rio* (Andrea Jakobsson Estúdio), em parceria com Mauricio Lissovsky.

Mello is an independent curator and holds a degree in Literature from the Federal University of Rio de Janeiro. She is also a photography researcher and conservator. Mello participated in the implementation of the Photography Department at the Museum of Modern Art in Rio de Janeiro with Pedro Vasquez. Between 2006 and 2015 she was curator-director of Galeria Tempo. She curated exhibitions at Casa Roberto Marinho, Espaço Cultural BNDES, Museu de Arte do Rio and Paço Imperial. Author of the books *Artistas fotógrafas em Alagoas – territórios poéticos em expansão* (Melani Editora), *There is only one river* (Andrea Jakobsson Estúdio) and *Refúgio do olhar, a fotografia de Kurt Klagsbrunn no Brasil do 1940* (Casa da Palavra) in partnership with Mauricio Lissovsky.

NUNO RAMOS

Formado em filosofia pela Universidade de São Paulo, começou a pintar em 1984. Desde então tem exposto regularmente no Brasil e no exterior. Participou da Bienal de Veneza de 1995, onde foi o artista representante do pavilhão brasileiro, e das bienais Internacionais de São Paulo de 1985, 1989, 1994 e 2010. Em 2006, recebeu, pelo conjunto da obra, o Grant Award da Barnett and Annalee Newman Foundation. Trabalhou com o elemento natural — mar, rocha, solo, tempo — fazendo parte da obra, com destaque para *Marémobília*, incluída neste livro. Publicou *O mau vidraceiro*, *Ó* e *Ensaio geral*, entre outros. Roteirizou e codirigiu com Clima, os curtas-metragens *Luz negra* (ParaNelson 1) e *Duas horas* (ParaNelson 1). Com Clima e Gustavo Moura roteirizou e codirigiu os curtas *Casco* e *Iluminai os terreiros*.

Graduated in philosophy from the Universidade de São Paulo, he began painting in 1984. Since then he has exhibited regularly in Brazil and abroad. He participated in the 1995 Venice Biennale, where he was the representative artist of the Brazilian pavilion, and in the São Paulo International Biennials in 1985, 1989, 1994 and 2010. In 2006, he received, for his body of work, the Grant Award from Barnett and Annalee Newman Foundation. He worked with natural elements — sea, rock, soil, time — forming part of the work, with emphasis on Marémobília, included in this publication. He published *O mau vidraceiro*, *Ó* and *Ensaio geral*, among others. He wrote and co-directed with Clima the short films *Luz negra* (ParaNelson 1) and *Duas horas* (ParaNelson 1). With Clima and Gustavo Moura he scripted and co-directed the short films *Casco* and *Iluminai os terreiros*.

RICARDO MELLO

É arteterapeuta e analista junguiano, graduado em educação artística com habilitação em artes plásticas. Tem pós-graduação em cinema documentário pela FGV/RJ e em arteterapia e expressões criativas e psicologia junguiana pelo Instituto Junguiano de Ensino e Pesquisa (SP). Fotógrafo profissional desde 1986. Foi editor de criação do Globo Online, gerente da Agência O Globo e editor multiplataforma do jornal *O Globo*. Atuou como professor de fotografia e multimídia na Escola de Artes Visuais do Parque Lage e na Academia Internacional de Cinema no Rio de Janeiro e curador de exposições de fotografia e vídeo.

Mello is an art therapist and Jungian therapist, graduated in Art Education with a qualification in Fine Arts. He has a postgraduate degree in Documentary Cinema from FGV/RJ and in Art Therapy and Creative Expressions and Jungian Psychology from the Jungian Institute of Teaching and Research (SP).

Professional photographer since 1986. He was creative editor of Globo Online, manager of Agência O Globo and multiplatform editor of the newspaper *O Globo*. He worked as a professor of photography and multimedia at the Escola de Artes Visuais do Parque Lage and at the Academia Internacional de Cinema in Rio de Janeiro and curated photography and video exhibitions.

ROSANE QUEIROZ

Jornalista, trabalhou 15 anos na editora Globo, 10 deles como editora da revista *Marie Claire*. Passou pela editora Trip, como editora da revista de bordo da GOL Linhas Aéreas. Colaborou com *Folha de S. Paulo*, *Claudia*, *Vogue*, *Viagem & Turismo*, *Vida Simples*, entre outros veículos. É autora de *Só – dores e delícias de morar sozinha* (2004), sobre mulheres e solidão, e *Musas e músicas – a mulher por trás da canção* (2024), livro-reportagem em que conta quem são as musas inspiradoras de canções da MPB com nomes femininos. Atua como escritora, biógrafa, consultora editorial e professora de escrita criativa, com mais de 10 livros publicados, entre biografias, livros institucionais e mentoria literária.

Journalist, she worked for Globo publishing house for 15 years, 10 of them as editor of *Marie Claire* magazine. She worked at Trip publishing house, as editor of the GOL Linhas Aéreas in-flight magazine. She collaborated with *Folha de S. Paulo*, *Claudia*, *Vogue*, *Viagem & Turismo*, *Vida Simples*, among other vehicles. She is the author of *Só – dores e delícias de morar sozinha* (2004), about women and loneliness, and *Musas e músicas – a mulher por trás da canção* (2024), a book-report in which she tells who the inspiring muses are of MPB songs with female names. She works as a writer, biographer, editorial consultant and teacher of creative writing, with more than 10 books published, including biographies, institutional books and literary mentoring.

TATIANA LEVY

É pedagoga, especialista em educação infantil pela PUC-RJ e mestre em educação pela Framingham State University. Atua em escolas, museus e centros culturais e acredita que arte, educação e natureza devem sempre andar de mãos dadas.

She is a pedagogue, specialising in early childhood education from PUC-RJ. She holds a master in education from Framingham State University. She works in schools, museums and cultural centers and believes that art, education and nature should always go hand in hand.

AGRADECIMENTOS

ACKNOWLEDGMENTS

ERM

- Felipe Deppe Alves
- Paulo Santos
- Susanne Loebmann
- Augusto Luiz Nobre de Mello Neto
- Solange Rocha
- Karen Garcia
- Paulo Mario Correia de Araújo (*in memoriam*)

TGS

- Kristian Johansen
- David Hajovsky
- Monica Drotleff
- João Corrêa

Isadora Gajic
Katie Kujala / Digital Imaging and Visual Resources, Harvard Art Museum
Liliana Magalhães
Lotte Parmley / Lisson Gallery, New York
Marina Pelegrini / Museu de Arte de São Paulo (Masp)
Ula Pancetti

Dados Internacionais de Catalogação na Publicação (CIP)
(Câmara Brasileira do Livro, SP, Brasil)

Mar de cultura: estudos = Sea of Arts : Essays / Alexander Turra et al. [tradução Ben Kohn]. Rio de Janeiro: Andrea Jakobsson Estúdio Editorial, 2024.
Edição bilíngue: português/inglês.

ISBN 978-65-5086-022-6

1. Arte 2. Artesanato. 3. Desenvolvimento econômico – Aspectos ambientais 4. Mar – Fotografias. 6. Mares 7. Oceano I. Título: Sea of Arts: Essays.

Índices para catálogo sistemático:
1. Mar : Recursos do oceano : Economia 333.9164
Aline Graziele Benitez – Bibliotecária – CRB-1/3129

FSC
www.fsc.org
MISTO
Papel | Apoiando o manejo florestal responsável
FSC® C011095